图解现场施工实施系列

U0394560

图解安全文明现场施工

土木在线　组编

机 械 工 业 出 版 社

本书是由全国著名的建筑专业施工网站——土木在线组织编写，精选大量的施工现场实例，涵盖了工地建设、土石方作业、高处作业、脚手架、模板安装、施工用电、建筑施工升降机、建筑拆除等各个方面。书中内容具体、全面，图片清晰，图面布局合理，具有很强的实用性与参考性。

本书可供广大建筑行业的工程技术人员参考使用。

图书在版编目（CIP）数据

图解安全文明现场施工/土木在线组编. —北京：机械工业出版社，2014.9（2024.10 重印）

（图解现场施工实施系列）

ISBN 978-7-111-47628-3

Ⅰ.①图… Ⅱ.①土… Ⅲ.①建筑工程-施工现场-安全管理-图解 Ⅳ.①TU714-64

中国版本图书馆 CIP 数据核字（2014）第 183650 号

机械工业出版社（北京市百万庄大街 22 号 邮政编码 100037）
策划编辑：张大勇 责任编辑：张大勇
版式设计：赵颖喆 责任校对：潘 蕊
封面设计：张 静 责任印制：任维东
北京中兴印刷有限公司印刷
2024 年 10 月第 1 版第 10 次印刷
184mm×260mm · 9.5 印张 · 226 千字
标准书号：ISBN 978-7-111-47628-3
定价：23.80 元

凡购本书，如有缺页、倒页、脱页，由本社发行部调换

电话服务　　　　　　　　　　　网络服务
服务咨询热线：010-88361066　　机 工 官 网：www.cmpbook.com
读者购书热线：010-68326294　　机 工 官 博：weibo.com/cmp1952
　　　　　　　010-88379203　　金 书 网：www.golden-book.com
封底无防伪标均为盗版　　　　教育服务网：www.cmpedu.com

前　言

随着我国经济的不断发展，我国建筑业发展迅速，如今建筑业已成为我国国民经济五大支柱产业之一。在近几年的发展过程中，由于人们对建筑物外观质量、内在要求的不断提高和现代法规的不断完善。建筑业也由原有的生产组织方式改变为专业化的工程项目管理方式。因此对建筑劳务人员职业技能提出了更高的要求。

本套"图解现场施工实施系列"丛书从施工现场出发，以工程现场细节做法为基本内容，并对大部分细节做法都配有现场施工图片。以期能为建筑从业人员，特别是广大施工人员的工作带来一些便利。

本套丛书共分为5册，分别是《图解建筑工程现场施工》《图解钢结构工程现场施工》《图解水、暖、电工程现场施工》《图解园林工程现场施工》《图解安全文明现场施工》。

本套丛书最大的特点就在于，舍弃了大量枯燥而乏味的文字介绍，内容主线以现场施工实际工作为主，并给予相应的规范文字解答，以图文结合的形式来体现建筑工程施工中的各种细节做法，增强图书内容的可读性。

本书在编写过程中，汇集了一线施工人员在各种工程中的不同细部做法经验总结，也学习和参考了有关书籍和资料，在此一并表示衷心感谢。由于编者水平有限，书中难免会有缺陷和错误，敬请读者多加批评和指正。

参与本书编写的人员有：邓毅丰、唐晓青、张季东、杨晓超、黄肖、王永超、刘爱华、王云龙、王华侨、梁越、王文峰、李保华、王志伟、唐文杰、郑元华、马元、张丽婷、周岩、朱燕青。

目　　录

第一章　工　地　建　设

第一节　临时建筑、设施

一、项目经理部建设

1. 实际案例展示

2. 施工要点

（1）施工单位应合理确定项目经理部地点，其占地面积必须满足办公生活需要，一般应为单独院落；办公、生活区应进行绿化，停车区和道路应采用混凝土硬化。

（2）办公用房应设项目经理室、总工室、计财部、工程部、质检部、合同部、安全保卫部、档案室、试验室、会议室等并标记清楚。生活用房应设：宿舍、食堂、活动室、医疗室、图书室、浴室等。

（3）办公室应干净、卫生、整齐，人均办公用房面积一般不应小于6m^2；职工宿舍应通风、明亮、保暖、隔热，人均生活用房面积一般不应小于5m^2。办公、生活用房提倡采用装配式标准化简易房结构。

（4）职工宿舍须设置标准的单人床或架子床，禁止职工睡通铺，每舍居住不得超过4人。宿舍地面宜为砖铺或混凝土地面，宿舍卫生整洁，日常生活用品放置整齐有序。

（5）职工食堂干净、卫生，锅台、锅灶要用瓷砖或陶瓷锦砖贴面，内墙面应贴白色釉面砖，水泥地面，安装纱门和纱窗；食堂工作人员必须有健康证，穿戴工作服、帽；生、熟食品分开并设有标记，餐具经过严格消毒，必须设置防蝇、防鼠措施。

（6）严格按照《中华人民共和国消防条例》的规定设置消防设施，定期对灭火器等消防设施进行检查，保证消防设施的正常使用性能。

（7）厕所应设专人负责打扫卫生，每天进行冲刷、清理、消毒，防止蚊蝇滋生。

（8）办公、生活垃圾和污水集中收集，安排专用车辆运至垃圾处理地点，不得随意乱扔和排放，污染环境。

（9）施工管理图表均应装裱上墙。管理图表应包括项目经理部组织机构框图、工程进度柱状图、质量自检体系框图、安全管理体系框图、工程管理曲线图、平面图、工程总体目标、各部门职责、各项规章制度、工作计划、晴雨表等。

（10）项目经理部应设立党员先锋岗宣传栏、读报栏、黑板报及宣传标语等，及时向员工宣传国家大政方针，增强职工的责任感，提高职工的工作热情。

二、施工告示牌

1. 实际案例展示

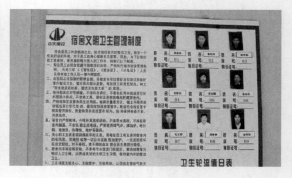

2. 施工要点

（1）各类公告牌、标志牌内容齐全，式样规范、位置醒目。每个标段的施工单位应在本单位进口处或经监理工程师批准的地方设立门架。门架净宽 6.5m、净高 5.5m、架柱宽 0.6m，净宽放大时，其他宽度需同步放大，门架两侧门柱上设宣传标语。在门架上显示"（此处应为施工单位名称）欢迎您进入××工程××合同段"标语，门架旁设公告牌，标明工程名称、工程简介、建设单位、设计单位、监理单位、施工单位、建设单位负责人、总监理工程师、驻地监理、施工单位、项目经理、总工程师（或技术总负责）、开竣工日期、质量举报电话（举报电话为：管理处、总监办电话）等内容。同时，并列一块有质量保证措施及安全保证措施的标示牌。在每个单位的驻地醒目的位置应同样设置公告牌。每个合同段的起点设立起讫标志牌。

标段内每个重要构造物现场（如特大、大中桥梁、立交区、路基）应设置标明工程名称、工程简介、施工单位技术负责人、现场监理工程师等内容的标示牌。

在小桥、通道、涵洞处应设置标有桩号、结构形式、施工单位现场负责人、现场监理工程段的标示牌。

在混凝土拌和站设置标有混凝土理论配合比、施工配合比、每盘混凝土各种材料、外加剂名称及用量、坍落度以及主要技术负责人、质检人员名称等内容的标示牌。

在材料堆放场地，应设置标有材料名称、规格、数量、拟用部位、检验状态等的材料标示牌。

（2）与施工相关的通行路段应设置：指路标志、减速标志、危险标志、安全标志等交通标志。

（3）《农民公工资发放告示牌》立于施工现场的醒目处，每个标段一块，内容、规格统一。

（4）各类公告牌及标示牌要求字体为仿宋体，颜色为绿底白字。

（5）施工现场内道路及排水畅通，施工单位对生产、生活污水必须处理后才能排放。

（6）生产过程中产生的建筑垃圾必须及时清运到指定地点处理，保证施工现场整齐、干净、卫生。

（7）严格按照公安、消防部门的要求设置防水防火防爆设施，定期对灭火器等防火设施进行检查，保证防火设施的使用性能。

（8）施工单位技术人员、安全员等管理人员和特殊工种操作工人佩戴胸牌并持证上岗。胸牌应贴有本人照片并标明单位、岗位职务、姓名、编号，字一律为黑色，底色为红色。监理人员胸牌为白底或蓝底黑字。

三、施工现场

1. 实际案例展示

2. 施工要点

（1）施工现场要保持场容场貌整洁，物料堆放整齐，各种物具要按施工平面图位置存放，并做好标记，使施工现场满足"布局合理、功能完备、环境整洁、物流有序、设备完好、生产均衡"的要求。

（2）施工现场工点必须设简易厕所，施工完成后，自行拆除，清理干净。

（3）每层路基填筑应标明上土区、碾压区和成型区，并设报验牌，注明桩号、层次、压实度、抽检时间、合格率、监理工程师是否同意进行下一道工序等内容。

（4）修筑挡墙、边沟所用的预制块和块、片石及砂石材料堆放整齐，标示明确，严禁在已施工的路面堆放和拌和砂浆。

（5）通道、涵洞工程施工占用路基作为施工场地的，应参照上述关于预制场标准化建设的有关规定，规范施工场地布置，与路基总体文明施工形象保持一致。

（6）弃方应整齐堆放在指定的弃方场地，按水保方案绿化，四周要修筑必要的挡墙及排水沟，防止水土流失。

（7）各施工单位应相互配合，处理好机电、房建、绿化、交通安全设施、防护工程等交叉施工，确保路面不受污染。

（8）路面施工现场应标明摊铺区、碾压区、成型区、养生区，注明桩号、层次。

（9）桥梁下部构造施工场地参照上述预制场标准化建设有关要求管理。

（10）桥梁基础施工时，应设置专用泥浆沉淀池和泥浆池，不得随意排放泥浆，建筑垃圾、废料不得随意堆放、弃置，保证河道畅通。

（11）施工场地内的水泥袋、钢筋头、碎石、拌和废料等杂物应及时清理，不得污染其他工程施工作业面，确保施工场地清洁、整齐。

（12）梁板上应标注编号、预制时间、养生周期，梁板还应注明张拉时间、封端施工时间。

四、大门建设

1. 实际案例展示

2. 施工要点

（1）施工现场必须围护，实行封闭式施工作业。

（2）用于建筑物或施工场所封闭的密目式安全网必须达到 10cm^2 的面积不少于 2000 目的要求，并且做到张设整齐、美观。

（3）工地围墙不得用黏土砖砌筑但可用夹板、彩钢板等搭设，砌筑或搭设高度，市区主要路段须达到 2.5m 以上，一般路段需达到 1.8m 以上，围墙外侧应有警示牌和安全宣传标语。

（4）工地应设置固定的出入口。

五、拌和站

1. 实际案例展示

2. 施工要点

（1）施工单位签订合同后，应按照"工厂化、集约化、专业化"的要求立即着手进行拌和站的选址与规划，在规定的时间内明确拌和站设置规模及位置，并编写建设方案，内容包括位置、占地面积、功能区划分、场内道路布置、排水设施布置、水电设施设置及施工设备的型号、数量等。使用商品混凝土的施工单位在规定的时间内确定商品混凝土拌和站的单位，并初步达成意向。

（2）每个合同段所有用于桥梁工程的水泥混凝土必须进行集中拌和，自动计量，严禁在施工现场使用小型拌和设备生产混凝土。

（3）规划方案经总监理工程师审批同意后才能进行拌和站建设，并报建设管理单位备案。拌和站建设完成后，施工单位填写建设验收表并报总监理工程师办公室进行验收。如施工单位采用商品混凝土，由施工单位验收，对不符合要求的拌和站不允许进行生产，待整改并验收合格后才能开始生产。

（4）拌和站必须保证在施工高峰期进行混凝土不间断供应。同时，混凝土拌和站应配备足够的混凝土搅拌车和混凝土泵送车，满足混凝土高峰作业的需要。

（5）拌和站由项目部直接进行建设及管理，不得分包、转包给其他单位或个人。

（6）拌和站及工点、施工便道的修建要保证混凝土运输车等施工车辆在晴天和雨天都能顺畅通行。

（7）拌和站建设应综合考虑施工生产情况，合理划分生活区、拌和作业区、材料计量区、材料库及运输车辆停放区等。拌和站的生活区应同其他区隔离开，场地进行硬化处理。

（8）拌和站宜设置视频监控系统，生活区的建设参考项目部生活区的建设。

（9）生产、生活场地的消防、安全设施应齐全到位，并做好临时雨水、污水排放以及垃圾处理，以防止污染环境。工程交工后，除非另有协议，承包人应自费恢复驻地原貌，并经监理验收合格。

六、库房

1. 实际案例展示

2. 施工要点

（1）承包人原则上应使用散装水泥，在不具备使用散装水泥的情况下使用袋装水泥，应建造库房存放。

（2）不同品种、不同批次、不同生产日期的水泥、矿粉、外加剂应分区堆放，并根据不同的检验状态和结果采用统一的材料标识牌进行标识；库房应设置进库门和出库门，确保水泥、矿粉、外加剂的正常循环使用。

（3）使用散装水泥、矿粉的拌和厂，要设水泥、矿粉储存罐，根据用量选定储罐容量，配合计算机自动输出。

（4）库房内外加剂的存放高度不应超过 2.0m；不同批次、不同品种、不同生产日期的外加剂应分开存放，并根据不同的检验状态和结果采用统一的材料标识牌进行标识。

（5）库房原则上采用砖砌房屋，尽量靠近拌和机，库房内部采用水泥粉刷，地面采用 C15 混凝土进行硬化，然后利用方木或砖砌上搭 5cm 木板，使外加剂储存离地 30cm。外加剂存放应离四周墙体 30cm 以上。

（6）库房内应建立详细的外加剂调拨台账，使物资的使用具有一定的可追溯性。

七、钢筋加工场

1. 实际案例展示

2. 施工要点

（1）施工单位签订合同后，应按照"工厂化、集约化、专业化"的要求立即着手进行钢筋加工场的选址与规划，一个月内明确钢筋加工场设置规模及位置，并编写建设方案，内容包括位置、占地面积、功能区划分、场内道路布置、排水设施布置、水电设施设置及施工设备的型号、数量等。

（2）大型钢筋加工场必须配备数控钢筋弯曲机 1 台、数控弯箍机 1 台，保证工程所需各种钢筋均由机械自动加工成型。

（3）规划方案经监理工程师审批同意后才能进行钢筋加工场建设，并报项目业主备案。钢筋加工场建设完成后，施工单位填写建设验收表并报监理工程师进行验收。对不符合要求的钢筋加工场不允许进行生产，待整改并验收合格后才能开始生产。

（4）钢筋加工场的规模及功能应符合投标文件承诺的有关要求及满足施工需要。材料堆放区、成品区、作业区应分开或隔离。

（5）项目部应按照预制场的管理模式进行建设并采用封闭式管理，并配备专门的技术人员及管理人员，监理单位也应配备足够的专监及现场监理员进行监管。现场宜设置视频监控系统。

（6）钢筋加工场必须配备桁式起重机或门式起重机。起重机必须由专业厂家生产，使用前须获得有关部门的鉴定，严禁使用自行组装的起重机。

八、临时用电

1. 实际案例展示

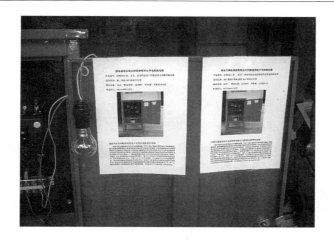

2. 施工要点

（1）临时用电工程应采用中性点直接接地的 380/220V 三相四线制低压电力系统和三相五线制接零保护系统。

（2）施工现场配电线路。

1）必须采用绝缘导线。

2）导线截面应满足计算负荷要求和末端电压偏移 5% 的要求。

3）电缆配线应采用有专用保护线的电缆。

4）架空线路的导线截面一般场所不得小于 10mm^2（铜线）或 16mm^2（铜线），跨越公路、河道和在电力线路挡距内不得小于 16mm^2（铜线）或 25mm^2（铝线）。

5）配电线路至配电装置的电源进线必须做固定连接，严禁做活动连接。

6）配电线路的绝缘电阻值不得小于 $1000\Omega/\text{V}$。

7）配电线路不得承受人为附加的非自然力。

（3）施工现场采用配电线路架空敷设。

1）采用专用电线杆，电线杆应坚固和绝缘良好。

2）线杆挡距不小于35m，挡距内无接头。

3）线间距不小于0.3m。

4）架空高度不小于距地面4m，距机动车道6m；距暂设工程顶端2.5m；距广播通信线路1m；距0.4kV交叉电力线路1.2m；距10kV交叉电力线路2.5m。

5）相序排列，用单横担架设时为L1、N、L2、L3、PE；当双横担架设时，上层横担为L1、L2、L3，下层横担为L1、N、PE。

（4）施工现场用电缆敷设。

1）电缆敷设采用直埋地或架空，严禁沿地面明设。

2）埋地敷设深度不小于0.6m，并须覆盖硬质保护层，穿越建（构）筑物、道路及易受损伤场所时，须另加保护套瓷。

3）架空敷设时应采用沿墙或电杆绝缘固定，电缆的最大弧垂处距地不得小于2.5m。

4）电缆接头盒应设置于地面以上，并能防水、防尘、防腐和防机械损伤。

5）在建工程内的临时电缆的敷设高度不得小于1.8m。

（5）施工现场用电设备的负荷线。

1）应采用橡胶护套，铜芯软电缆。

2）电缆的防护性能应与使用环境相适应。

3）电缆芯线中有用作保护接零的黄/绿双色绝缘线。

4）敷设应不受介质腐蚀和机械损伤。

5）电缆无中间接头和扭结。

（6）施工现场用三相互线接零保护系统的保护线要求。

1）保护线（PE线）的统一标志为黄/绿双色绝缘导线。

2）PE线应自专用变压器、发电机中性点处或配电室总配电箱电源近处的零线（N线）上引出。

3）PE线的截面应不小于所对应的工作零线截面，并满足机械强度要求，与电气设备相接的PE线应为截面不小于$2.5mm^2$的多股绝缘铜线。

（7）施工现场用机械设备不带电的外露导电部分的保护接零要求。

1）应做保护接零的机械设备。

①电机、变压器、电焊机的金属外壳。

②配电屏控制屏的金属框架。

③配电箱、开关箱的金属箱体。

④电动机械和手持电动工具的金属外壳。

⑤电动设备传动装置的固定金属部件。

⑥电力线路的金属保护壳和敷线钢索。

⑦起重机轨道。

⑧电力线杆上电气装置的金属外壳和金属支架。

⑨靠近带电部分的金属围栏和金属门等。

2）可不做保护接零的情况。

① 安装在配电屏、控制屏金属框架以及配电箱开关箱的金属箱体上，并能保证金属性连接的电器、仪表的金属外壳。

② 安装在发电机同一固定支架上的用电设备的金属外。

3）施工现场保护接零的连接规定。

① 保护接零线必须与 PE 线相连接，并与工作零线（N 线）相隔离。

② 自备发电机组电源与外电线路电源联锁，并与三相五线制接零保护系统联锁，严禁并列运行。

第二节 工地防火

1. 实际案例展示

2. 施工要点

（1）工地应建立消防管理制度、动火审批制度和易燃易爆物品的管理办法。

（2）工地应按施工规模建立消防组织，配备义务消防人员，并应经过专业培训和定期组织进行演习。

（3）工地应按照总平面图划分防火责任区，根据作业条件合理配备灭火器材。当工程施工高度超过 30m 时，应配备有足够扬程的消防水源和必须保障畅通的疏散通道。

（4）对各类灭火器材、消火栓及水带应经常检查和维护保养，保证使用效果。

（5）工地应设置吸烟室，吸烟人员必须到吸烟室吸烟。

（6）各种气瓶应单独存放，库房应通风良好，各种设施符合防爆要求。

（7）当发生火险工地消防人员不能及时扑救时，应迅速准确地向当地消防部门报警，并清理通道障碍和查清消火栓位置，为消防灭火做好准备。

第三节　季节施工

1. 实际案例展示

2. 施工要点

（1）工地应该按照作业条件针对季节性施工的特点，制订相应的安全技术措施。

（2）雨期施工应考虑施工作业的防雨、排水及防雷措施。如雨天挖坑槽、露天使用的电气设备、爆破作业遇雷电天气以及沿河流域的工地做好防洪准备，傍山的施工现场做好防滑坡塌方的工作和做好临时设施及脚手架等的防强风措施。雷雨季节到来之前，应对现场防雷装置的完好情况进行检查，防止雷击伤害。

（3）冬期施工应采取防滑、防冻措施。作业区附近应设置的休息处所和职工生活区休息处所，一切取暖设施应符合防火和防煤气中毒要求；对采用蓄热法浇筑混凝土的现场应有防火措施。

（4）遇六级以上（含六级）强风、大雪、浓雾等恶劣气候，严禁露天起重吊装和高处作业。

第二章 土石方作业

第一节 土方挖掘

1. 实际案例展示

2. 施工要点

（1）土方挖掘方法、挖掘顺序应根据支护方案和降排水要求进行，当采用局部或全部放坡开挖时，放坡坡度应满足其稳定性要求。

（2）挖掘应自上而下进行，严禁先挖坡脚。软土基坑无可靠措施时应分层均衡开挖，层高不宜超过 1m。土方每次开挖深度和挖掘顺序必须按设计要求。坑（槽）沟边 1m 以内不得堆土、堆料，不得停放机械。

（3）当基坑开挖深度大于相邻建筑的基础深度时，应保持一定距离或采取边坡支撑加固措施，并进行沉降和移位观测。

（4）施工中如发现不能辨认的物品时，应停止施工，保护现场，并立即报告所在地有关部门处理，严禁随意敲击或玩弄。

（5）挖土机作业的边坡应验算其稳定性，当不能满足时，应采取加固措施。在停机作业面以下挖土应选用反铲或拉铲作业，当使用正铲作业时，挖掘深度应严格按其说明书规定进行。有支撑的基坑使用机械挖掘时，应防止作业中碰撞支撑。

（6）配合挖土机作业的人员，应在其作业半径以外工作，当挖土机停止回转并制动后，方可进入作业半径内工作。

（7）开挖至坑底标高后，应及时进行下道工序基础工程施工，减少暴露时间。如不能立即进行下道工序施工，应预留 300mm 厚的覆盖层。

（8）当基坑施工深度超过 2m 时，坑边应按照高处作业的要求设置临边防护，作业人员上下应有专用梯道。当深基坑施工中形成立体交叉作业时，应合理布局基位、人员、运输通道，并设置防止落物伤害的防护层。

（9）从事爆破工程设计、施工的企业必须取得相关资质证书，按照批准的允许经营范围并严格遵照爆破作业的相关规定进行。

第二节　基坑支护

1. 实际案例展示

2. 施工要点

（1）支护结构的选型应考虑结构的空间效应和基坑特点，选择有利于支护的结构形式或采用几种形式相结合。

（2）当采用悬臂式结构支护时，基坑深度不宜大于6m。基坑深度超过6m时，可选用单支点和多支点的支护结构。地下水位低的地区和能保证降水施工时，也可采用土钉支护。

（3）寒冷地区基坑设计应考虑土体冻胀力的影响。

（4）支撑安装必须按设计位置进行，施工过程严禁随意变更，并应切实使围檩与挡土桩墙结合紧密。挡土板或板桩与坑壁间的回填土应分层回填夯实。

（5）支撑的安装和拆除顺序必须与设计工况相符合，并与土方开挖和主体工程的施工顺序相配合。分层开挖时，应先支撑后开挖；同层开挖时，应边开挖边支撑。支撑拆除前，应采取换撑措施，防止边坡卸载过快。

（6）钢筋混凝土支撑其强度必须达设计要求（或达75%）后，方可开挖支撑面以下土方；钢结构支撑必须严格材料检验和保证节点的施工质量，严禁在负荷状态下进行焊接。

（7）应合理布置锚杆的间距与倾角，锚杆上下间距不宜小于2.0m，水平间距不宜小于1.5m；锚杆倾角宜为15°~25°，且不应大于45°。最上一道锚杆覆土厚不得小于4m。

（8）锚杆的实际抗拔力除经计算外，还应按规定方法进行现场试验后确定。可采取提高锚杆抗力的二次压力灌浆工艺。

（9）采用逆做法施工时，要求其外围结构必须有自防水功能。基坑上部机械挖土的深度，应按地下墙悬臂结构的应力值确定；基坑下部封闭施工，应采取通风措施；当采用电梯间作为垂直运输的井道时，对洞口楼板的加固方法应由工程设计确定。

（10）逆做法施工时，应合理地解决支撑上部结构的单柱单桩与工程结构的梁柱交叉及节点构造并在方案中预先设计，当采用坑内排水时必须保证封井质量。

第三节　桩　基　施　工

1. 实际案例展示

2. 施工要点

（1）桩基施工应按施工方案要求进行。打桩作业区应有明显标志或围栏，作业区上方应无架空线路。

（2）预制桩施工桩机作业时，严禁吊装、吊锤、回转、行走动作同时进行；桩机移动时，必须将桩锤落至最低位置；施打过程中，操作人员必须距桩锤5m以外监视。

（3）沉管灌注桩施工，在未灌注混凝土和未沉管以前，应将预钻的孔口盖严。

（4）人工挖孔桩施工，应遵守以下规定：

1）各种大直径桩的成孔，应首先采用机械成孔。当采用人工挖孔或人工扩孔时，必须经上级主管部门批准后方可施工。

2）应由熟悉人工挖孔桩施工工艺、遵守操作规定和具有应急监测自防护能力的专业施工队伍施工。

3）开挖桩孔应自上而下逐层进行，挖一层土及时浇筑一节混凝土护壁。第一节护壁应高出地面300mm。

4）距孔口顶周边1m搭设围栏。孔口应设安全盖板，当盛土吊桶自孔内提出地面时，必须将盖板关闭孔口后，再进行卸土。孔口周边1m范围内不得有堆土和其他堆积物。

5）提升吊桶的机构其传动部分及地面扒杆必须牢靠，制作、安装应符合施工设计要求。人员不得乘盛土吊桶上下，必须另配钢丝绳及滑轮并有断绳保护装置，或使用安全爬梯上下。

6）应避免落物伤人，孔内应设半圆形防护板，随挖掘深度逐层下移。吊运物料时，作业人员应在防护板下面工作。

7）每次下井作业前应检查井壁和抽样检测井内空气，当有害气体超过规定时，应进行处理和用鼓风机送风。严禁用纯氧进行通风换气。

8）井内照明应采用安全矿灯或12V防爆灯具。桩孔较深时，上下联系可通过对讲机等方式，地面不得少于2名监护人员。井下人员应轮换作业，连续工作时间不应超过2h。

9）挖孔完成后，应当天验收，并及时将桩身钢筋笼就位和浇筑混凝土。正在浇筑混凝土的桩孔周围10m半径内，其他桩不得有人作业。

第四节　地下水控制

1. 实际案例展示

2. 施工要点

（1）基坑工程的设计施工必须充分考虑对地下水进行治理，采取排水、降水措施，防止地下水渗入基坑。

（2）基坑施工除降低地下水水位外，基坑内尚应设置明沟和集水井，以排除暴雨和其他突然而来的明水倒灌，基坑边坡视需要可覆盖塑料布，应防止大雨对土坡的侵蚀。

（3）膨胀土场地应在基坑边缘采取抹水泥地面等防水措施，封闭坡顶及坡面，防止各种水流（渗）入坑壁。不得向基坑边缘倾倒各种废水并应防止水管泄漏冲走桩间土。

（4）软土基坑、高水位地区应做截水帷幕，防止单纯降水造成基土流失。

（5）截水结构的设计，必须根据地质、水文资料及开挖深度等条件进行，截水结构必须满足隔渗质量，且支护结构必须满足变形要求。

（6）在降水井点与重要建筑物之间宜设置回灌井（或回灌沟），在基坑降水的同时，应沿建筑物地下回灌，保持原地下水位，或采取减缓降水速度，控制地面沉降。

第三章 高处作业

第一节 临边与洞口作业的安全防护

一、临边作业

1. 实际案例展示

2. 施工要点

（1）对临边高处作业，必须设置防护措施，并符合下列规定：

1）基坑周边，尚未安装栏杆或栏板的阳台、料台与挑平台周边，雨篷与挑檐边，无外脚手架的屋面与楼层周边及水箱与水塔周边等处，都必须设置防护栏杆。

2）头层墙高度超过3.2m的二层楼面周边，以及无外脚手架的高度超过3.2m的楼层周边，必须在外围架设安全平网一道。

3）分层施工的楼梯口和梯段边，必须安装临时护栏。顶层楼梯口应随工程结构进度安装正式防护栏杆。

4）井架与施工用电梯和脚手架等与建筑物通道的两侧边，必须设防护栏杆。地面通道上部应装设安全防护棚。双笼井架通道中间，应予分隔封闭。

5）各种垂直运输接料平台，除两侧设防护栏杆外，平台口还应设置安全门或活动防护栏杆。

（2）临边防护栏杆杆件的规格及连接要求，应符合下列规定：

1）毛竹横杆小头有效直径不应小于72mm，栏杆柱小头直径不应小于80mm，并须用不小于16号的镀锌钢丝绑扎，不应少于3圈，并无泻滑。

2）原木横杆上杆梢径不应小于70mm，下杆梢径不应小于60mm，栏杆柱梢径不应小于75mm。并须用相应长度的圆钉钉紧，或用不小于12号的镀锌钢丝绑扎，要求表面平顺和稳固无动摇。

3）钢筋横杆上杆直径不应小于16mm，下杆直径不应小于14mm，栏杆柱直径不应小于18mm，采用电焊或镀锌钢丝绑扎固定。

4）钢管横杆及栏杆柱均采用 Φ48mm×（2.75~3.5）mm 的管材，以扣件或电焊固定。

5）以其他钢材如角钢等作防护栏杆杆件时，应选用强度相当的规格，以电焊固定。

（3）搭设临边防护栏杆时，必须符合下列要求：

防护栏杆应由上、下两道横杆及栏杆柱组成，上杆离地高度为1.0~1.2m，下杆离地高度为0.5~0.6m。坡度大于1:22的屋面，防护栏杆应高1.5m，并加挂安全立网。除经设计计算外，横杆长度大于2m时，必须加设栏杆柱。

（4）栏杆柱的固定应符合下列要求：

1）当在基坑四周固定时，可采用钢管并打入地面50~70cm深。钢管离边口的距离，不应小于50cm。当基坑周边采用板桩时，钢管可打在板桩外侧。

2）当在混凝土楼面、屋面或墙面固定时，可用预埋件与钢管或钢筋焊牢。采用竹、木栏杆时，可在预埋件上焊接30cm长的 L 50×5 角钢，其上下各钻一孔，然后用10mm螺栓与竹、木杆件固定。

3）当在砖或砌块等砌体上固定时，可预先砌入规格相适应的80mm×6mm弯转扁钢作预埋件的混凝土块，然后用上项方法固定。

（5）栏杆柱的固定及其与横杆的连接，其整体构造应使防护栏杆在上杆任何处，能经受任何方向的1000N外力。当栏杆所处位置有发生人群拥挤、车辆冲击或物件碰撞等可能时，应加大横杆截面或加密柱距。

（6）防护栏杆必须自上而下用安全立网封闭，或在栏杆下边设置严密固定的高度不低于18cm的挡脚板或40cm的挡脚笆。挡脚板与挡脚笆上如有孔眼，不应大于25mm。板与笆下边距离底面的空隙不应大于10mm。

卸料平台两侧的栏杆，必须自上而下加挂安全立网或满扎竹笆。

（7）当临边的外侧面临街道时，除防护栏杆外，敞口立面必须采取满挂安全网或其他可靠措施作全封闭处理。

二、洞口作业

1. 实际案例展示

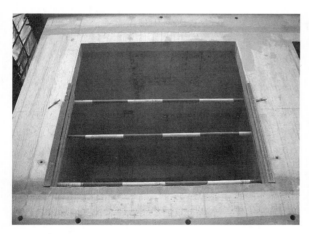

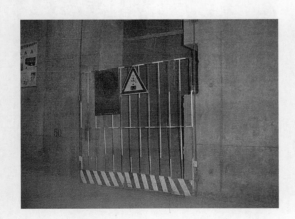

2. 施工要点

（1）进行洞口作业以及在因工程和工序需要而产生的、使人与物有坠落危险或危及人身安全的其他洞口进行高处作业时，必须按下列规定设置防护设施：

1）板与墙的洞口，必须设置牢固的盖板、防护栏杆、安全网或其他防坠落的防护设施。

2）电梯口必须设防护栏杆或固定栅门；电梯井内应每隔两层并最多隔 10m 设一道安全网。

3）钢管桩、钻孔桩等桩孔上口，杯形、条形基础上口，未填土的坑槽，以及人孔、天窗、地板门等处，均应按洞口防护设置稳固的盖件。

4）施工现场通道附近的各类洞口与坑槽等处，除设置防护设施与安全标志外，夜间还应设红灯示警。

（2）洞口根据具体情况采取设防护栏杆、加盖件、张挂安全网与装栅门等措施时，必须符合下列要求：

1）楼板、屋面和平台等面上短边尺寸小于25cm但大于2.5cm的孔口，必须用坚实的盖板盖严。盖板应能防止挪动移位。

2）楼板面等处边长为25~50cm的洞口、安装预制构件时的洞口以及缺件临时形成的洞口，可用竹、木等作盖板，盖住洞口。盖板须能保持四周搁置均衡，并有固定其位置的措施。

3）边长为50~150cm的洞口，必须设置以扣件扣接钢管而成的网格，并在其上满铺竹笆或脚手板。也可采用贯穿于混凝土板内的钢筋构成防护网，钢筋网格间距不得大于20cm。

4）边长150cm以上的洞口，四周设防护栏杆，洞口下张设安全平网。

5）垃圾和烟道，应随楼层的砌筑或安装而消除洞口，或参照预留洞口作防护。管道井施工时，除按上款办理外，还应加设明显的标志。如有临时性拆移，需经施工负责人核准，工作完毕后必须恢复防护设施。

6）位于车辆行驶道旁的洞口、深沟与管道坑、槽，所加盖板应能承受不小于当地额定卡车后轮有效承载力2倍的荷载。

7）墙面等处的竖向洞口，凡落地的洞口应加装开关式、工具式或固定式的防护门，门栅网格的间距不应大于15cm，也可采用防护栏杆，下设挡脚板（笆）。

8）下边沿至楼板或底面低于80cm的窗台等竖向洞口，如侧边落差大于2m时，应加设1.2m高的临时护栏。

9）对邻近的人与物有坠落危险性的其他竖向的孔、洞口，均应予以盖设或加以防护，并有固定其位置的措施。

第二节　攀登与悬空作业的安全防护

一、攀登作业

1. 实际案例展示

2. 施工要点

（1）在施工组织设计中应确定用于现场施工的登高和攀登设施。现场登高应借助建筑结构或脚手架上的登高设施，也可采用载人的垂直运输设备。进行攀登作业时可使用梯子或采用其他攀登设施。

（2）柱、梁和行车梁等构件吊装所需的直爬梯及其他登高用拉攀件，应在构件施工图或说明内作出规定。

（3）攀登的用具，结构构造上必须牢固可靠。供人上下的踏板其使用荷载不应大于1100N。当梯面上有特殊作业，重量超过上述荷载时，应按实际情况加以验算。

（4）移动式梯子，均应按现行的国家标准验收其质量。

（5）梯脚底部应坚实，不得垫高使用。梯子的上端应有固定措施。立梯工作角度以75°±5°为宜，踏板上下间距以30cm为宜，不得有缺档。

（6）梯子如需接长使用，必须有可靠的连接措施，且接头不得超过1处。连接后梯梁的强度，不应低于单梯梯梁的强度。

（7）折梯使用时上部夹角以35°～45°为宜，铰链必须牢固，并应有可靠的拉撑措施。

（8）固定式直爬梯应用金属材料制成。梯宽不应大于50cm，支撑应采用不小于∟70mm×6mm的角钢，埋设与焊接均须牢固。梯子顶端的踏棍应与攀登的顶面齐平，并加设1～1.5m高的扶手。

使用直爬梯进行攀登作业时，攀登高度以5m为宜。超过2m时，宜加设护笼，超过8m时，必须设置梯间平台。

（9）作业人员应从规定的通道上下，不得在阳台之间等非规定通道进行攀登，也不得任意利用吊车臂架等施工设备进行攀登。

上下梯子时，必须面向梯子，且不得手持器物。

（10）钢柱安装登高时，应使用钢挂梯或设置在钢柱上的爬梯。

钢柱的接柱应使用梯子或操作台。操作台横杆高度，当无电焊防风要求时，其高度不宜小于1m，有电焊防风要求时，其高度不宜小于1.8m。

（11）登高安装钢梁时，应视钢梁高度，在两端设置挂梯或搭设钢管脚手架。

梁面上需行走时，其一侧的临时护栏横杆可采用钢索，当改用扶手绳时，绳的自然下垂度不应大于1/20，并应控制在10cm以内。

（12）钢屋架的安装，应遵守下列规定：

1）在屋架上下弦登高操作时，对于三角形屋架应在屋脊处，梯形屋架应在两端，设置攀登时上下的梯架。材料可选用毛竹或原木，踏步间距不应大于40cm，毛竹梢径不应小于70mm。

2）屋架吊装以前，应在上弦设置防护栏杆。

3）屋架吊装以前，应预先在下弦挂设安全网；吊装完毕后，即将安全网铺设固定。

二、悬空作业

1. 实际案例展示

2. 施工要点

（1）悬空作业处应有牢靠的立足处，并必须视具体情况，配置防护栏网、栏杆或其他安全设施。

（2）悬空作业所用的索具、脚手板、吊篮、吊笼、平台等设备，均需经过技术鉴定或检证方可使用。

（3）构件吊装和管道安装时的悬空作业，必须遵守下列规定：

1）钢结构的吊装，构件应尽可能在地面组装，并应搭设进行临时固定、电焊、高强螺栓连接等工序的高空安全设施，随构件同时上吊就位。拆卸时的安全措施，亦应一并考虑和落实。高空吊装预应力钢筋混凝土屋架、桁架等大型构件前，也应搭设悬空作业中所需的安全设施。

2）悬空安装大模板、吊装第一块预制构件、吊装单独的大中型预制构件时，必须站在操作平台上操作。吊装中的大模板和预制构件以及石棉水泥板等屋面板上，严禁站人和行走。

3）安装管道时必须有已完结构或操作平台为立足点，严禁在安装中的管道上站立和行走。

（4）模板支撑和拆卸时的悬空作业，必须遵守下列规定：

1）支模应按规定的作业程序进行，模板未固定前不得进行下一道工序。严禁在连接件和支撑件上攀登上下，并严禁在上下同一垂直面上装、拆模板。结构复杂的模板，装、拆应严格按照施工组织设计的措施进行。

2）支设高度在3m以上的柱模板，四周应设斜撑，并应设立操作平台。低于3m的可使用马凳操作。

3）支设悬挑形式的模板时，应有稳固的立足点。支设临空构筑物模板时，应搭设支架或脚手架。模板上有预留洞时，应在安装后将洞盖严。混凝土板上拆模后形成的临边或洞口，应按本章第一节进行防护。

拆模高处作业，应配置登高用具或搭设支架。

（5）钢筋绑扎时的悬空作业，必须遵守下列规定：

1）绑扎钢筋和安装钢筋骨架时，必须搭设脚手架和马道。

2）绑扎圈梁、挑梁、挑檐、外墙和边柱等钢筋时，应搭设操作台架和张挂安全网。悬空大梁钢筋的绑扎，必须在满铺脚手板的支架或操作平台上操作。

3）绑扎立柱和墙体钢筋时，不得站在钢筋骨架上或攀登骨架上下。3m以内的柱钢筋，可在地面或楼面上绑扎，整体竖立。绑扎3m以上的柱钢筋，必须搭设操作平台。

（6）混凝土浇筑时的悬空作业，必须遵守下列规定：

1）浇筑离地2m以上框架、过梁、雨篷和小平台时，应设操作平台，不得直接站在模板或支撑件上操作。

2）浇筑拱形结构，应自两边拱脚对称地相向进行。浇筑储仓，下口应先行封闭，并搭设脚手架以防人员坠落。

3）特殊情况下如无可靠的安全设施，必须系好安全带并扣好保险钩，或架设安全网。

（7）进行预应力张拉的悬空作业时，必须遵守下列规定：

1）进行预应力张拉时，应搭设站立操作人员和设置张拉设备用的牢固可靠的脚手架或操作平台。雨天张拉时，还应架设防雨篷。

2）预应力张拉区域应标示明显的安全标志，禁止非操作人员进入。张拉钢筋的两端必须设置挡板。挡板应距所张拉钢筋的端部1.5~2m，且应高出最上一组张拉钢筋0.5m，其宽度应距张拉钢筋两外侧各不小于1m。

3）孔道灌浆应按预应力张拉安全设施的有关规定进行。

（8）悬空进行门窗作业时，必须遵守下列规定：

1）安装门、窗，油漆及安装玻璃时，严禁操作人员站在楹子、阳台栏板上操作。门、窗临时固定，封填材料未达到强度，以及电焊时，严禁手拉门、窗进行攀登。在高处外墙安装门、窗，无外脚手架时，应张挂安全网。无安全网时，操作人员应系好安全带，其保险钩应挂在操作人员上方的可靠物件上。

2）进行各项窗口作业时，操作人员的重心应位于室内，不得在窗台上站立，必要时应系好安全带进行操作。

第三节　操作平台与交叉作业的安全防护

一、操作平台

1. 实际案例展示

2. 施工要点

（1）移动式操作平台，必须符合下列规定：

1）操作平台应由专业技术人员按现行的相应规范进行设计，计算书及图样应编入施工组织设计。

2）操作平台的面积不应超过 $10m^2$，高度不应超过 $5m$。还应进行稳定验算，并采取措施减少立柱的长细比。

3）装设轮子的移动式操作平台，轮子与平台的接合处应牢固可靠，立柱底端离地面不得超过 $80mm$。

4）操作平台可采用 ϕ（$48\sim51$）$mm\times3.5mm$ 钢管以扣件连接，亦可采用门架式或承插式钢管脚手架部件，按产品使用要求进行组装。平台的次梁，间距不应大于 $40cm$；台面应满铺 $3cm$ 厚的木板或竹笆。

5）操作平台四周必须按临边作业要求设置防护栏杆，并应布置登高扶梯。

（2）悬挑式钢平台，必须符合下列规定：

1）悬挑式钢平台应按现行的相应规范进行设计，其结构构造应能防止左右晃动，计算书及图样应编入施工组织设计。

2）悬挑式钢平台的搁支点与上部拉结点，必须位于建筑物上，不得设置在脚手架等施工设备上。

3）斜拉杆或钢丝绳，构造上宜两边各设前后两道，两道中的每一道均应作单道受力计算。

4）应设置 4 个经过验算的吊环。吊运平台时应使用卡环，不得使吊钩直接钩挂吊环。吊环应用甲类 3 号沸腾钢制作。

5）钢平台安装时，钢丝绳应采用专用的挂钩挂牢，采取其他方式时卡头的卡子不得少于 3 个。建筑物锐角利口围系钢丝绳处应加衬软垫物，钢平台外口应略高于内口。

6）钢平台左右两侧必须装置固定的防护栏杆。

7）钢平台吊装，需待横梁支撑点电焊固定，接好钢丝绳，调整完毕，经过检查验收，方可松卸起重吊钩，上下操作。

8）钢平台使用时，应有专人进行检查，发现钢丝绳有锈蚀损坏应及时调换，焊缝脱焊应及时修复。

（3）操作平台上应显著地标明容许荷载值。操作平台上人员和物料的总重量，严禁超过设计的容许荷载。应配备专人加以监督。

二、交叉作业

（1）支模、粉刷、砌墙等各工种进行上下立体交叉作业时，不得在同一垂直方向上操作。下层作业的位置，必须处于依上层高度确定的可能坠落范围半径之外。不符合以上条件时，应设置安全防护层。

（2）钢模板、脚手架等拆除时，下方不得有其他操作人员。

（3）钢模板部件拆除后，临时堆放处离楼层边沿不应小于 1m，堆放高度不得超过 1m。楼层边口、通道口、脚手架边缘等处，严禁堆放任何拆下物件。

（4）结构施工自二层起，凡人员进出的通道口（包括井架、施工用电梯的进出通道口），均应搭设安全防护棚。高度超过 24m 的层上的交叉作业，应设双层防护。

（5）由于上方施工可能坠落物件或处于起重机桅杆回转范围之内的通道，在其受影响的范围内，必须搭设顶部能防止穿透的双层防护廊。

第四节　楼梯间防护

1. 实际案例展示

2. 施工要点

结构施工时在楼梯边缘预埋钢板或钢筋头，将栏杆柱与之焊接。防护栏杆由上下两道横杆及栏杆柱组成，上杆离地高度1.2m，下杆离地0.5m，横杆长度大于2m时，必须加设栏杆柱。栏杆柱通过水平拉杆与楼梯口拉紧固定住，防止倾翻。

第四章 脚 手 架

第一节 建筑施工工具式脚手架

一、附着式升降脚手架

1. 实际案例展示

2. 安装

（1）附着式升降脚手架应按专项施工方案进行安装，可采用单片式主框架的架体（图4-1），也可采用空间桁架式主框架的架体（图4-2）。

（2）附着式升降脚手架在首层安装前应设置安装平台，安装平台应有保障施工人员安全的防护设施，安装平台的水平精度和承载能力应满足架体安装的要求。

（3）安装时应符合下列规定：

1）相邻竖向主框架的高差应不大于20mm。

2）竖向主框架和防倾导向装置的垂直偏差应不大于5‰，且不得大于60mm。

3）预留穿墙螺栓孔和预埋件应垂直于建筑结构外表面，其中心误差应小于15mm。

4）连接处所需要的建筑结构混凝土强度应由计算确定，且不得小于C10。

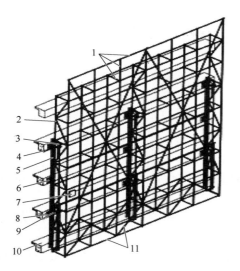

图 4-1 单片式主框架的架体示意

1—架体构架 2—竖向主框架（单片式）
3—升降上吊挂件 4—升降设备 5—导轨
6—附墙支座（含防倾覆、防坠落装置）
7—同步控制装置 8—升降下吊挂点（含
荷载传感器） 9—定位装置 10—工程结
构 11—水平支承桁架

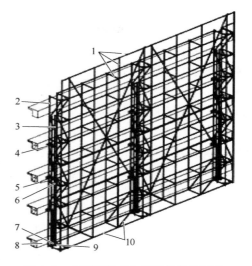

图 4-2 空间桁架式主框架的架体示意

1—架体构架 2—竖向主框架（空间桁架
式） 3—导轨 4—悬臂梁（含防倾覆装置）
5—悬吊梁 6—升降设备 7—防坠落装置
8—工程结构 9—下提升点 10—水平支
承桁架

5）升降机构连接应正确且牢固可靠。

6）安全控制系统的设置和试运行效果符合设计要求。

7）升降动力设备工作正常。

（4）附着支承结构的安装应符合设计要求，不得少装和使用不合格螺栓及连接件。

（5）安全保险装置应全部合格，安全防护设施应齐备，且应符合设计要求，并应设置必要的消防设施。

（6）电源、电缆及控制柜等的设置应符合现行行业标准《施工现场临时用电安全技术规范》（JGJ46—2005）的有关规定。

（7）采用扣件式脚手架搭设的架体构架，其构造应符合现行行业标准《建筑施工扣件式钢管脚手架安全技术规范》（JGJ130—2011）的要求。

（8）升降设备、同步控制系统及防坠落装置等专项设备，均应采用同一厂家产品。

（9）升降设备、控制系统、防坠落装置等应采取防雨、防砸、防尘等措施。

3. 升降

（1）附着式升降脚手架可有手动、电动和液压三种升降形式，并应符合下列规定。

1）单片架体升降时，可采用手动、电动和液压三种升降形式。

2）当两跨以上的架体同时整体升降时，应采用电动或液压设备。

（2）附着式升降脚手架每次升降前，应进行检查，经检查合格后，方可进行升降。

（3）附着式升降脚手架的升降操作应符合下列规定：

1）应按升降作业程序和操作规程进行作业。

2）操作人员不得停留在架体上。

3）升降过程中不得有施工荷载。

4）所有妨碍升降的障碍物应已拆除。

5）所有影响升降作业的约束已经拆开。

6）各相邻提升点间的高差不得大于30mm，整体架最大升降差不得大于80mm。

（4）升降过程中应实行统一指挥、规范指令。升、降指令只能由总指挥一人下达；当有异常情况出现时，任何人均可立即发出停止指令。

（5）当采用环链葫芦作升降动力时，应严密监视其运行情况，及时排除翻链、绞链和其他影响正常运行的故障。

（6）当采用液压升降设备作升降动力时，应排除液压系统的泄漏、失压、颤动、油缸爬行和不同步等问题和故障，确保正常工作。

（7）架体升降到位后，应及时按使用状况要求进行附着固定。在没有完成架体固定工作前，施工人员不得擅自离岗或下班。

（8）附着式升降脚手架架体升降到位固定后，应进行检查，合格后方可使用；遇五级及以上大风和大雨、大雪、浓雾和雷雨等恶劣天气时，不得进行升降作业。

4. 使用

（1）附着式升降脚手架应按照设计性能指标进行使用，不得随意扩大使用范围；架体上的施工荷载必须符合设计规定，不得超载，不得放置影响局部杆件安全的集中荷载。

（2）架体内的建筑垃圾和杂物应及时清理干净。

（3）附着式升降脚手架在使用过程中不得进行下列作业：

1）利用架体吊运物料。

2）在架体上拉结吊装缆绳（或缆索）。

3）在架体上推车。

4）任意拆除结构件或松动连接件。

5）拆除或移动架体上的安全防护设施。

6）利用架体支撑模板或卸料平台。

7）其他影响架体安全的作业。

（4）当附着式升降脚手架停用超过三个月时，应提前采取加固措施。

（5）当附着式升降脚手架停用超过一个月或遇六级及以上大风后复工时，应进行检查，确认合格后方可使用。

（6）螺栓连接件、升降设备、防倾装置、防坠落装置、电控设备同步控制装置等应每月进行维护保养。

5. 拆除

（1）附着式升降脚手架的拆除工作应按专项施工方案及安全操作规程的有关要求进行。

（2）必须对拆除作业人员进行安全技术交底。

（3）拆除时应有可靠的防止人员与物料坠落的措施，拆除的材料及设备不得抛扔。

（4）拆除作业应在白天进行。遇五级及以上大风和大雨、大雪、浓雾和雷雨等恶劣天气时，不得进行拆卸作业。

二、高处作业吊篮

1. 实际案例展示

2. 安装

（1）高处作业吊篮安装时应按专项施工方案，在专业人员的指导下实施。

（2）安装作业前，应划定安全区域，并应排除作业障碍。

（3）高处作业吊篮组装前应确认结构件、紧固件已经配套且完好，其规格型号和质量应符合设计要求。

（4）高处作业吊篮所用的构配件应是同一厂家的产品。

（5）在建筑物屋面上进行悬挂机构的组装时，作业人员应与屋面边缘保持2m以上的距离。组装场地狭小时应采取防坠落措施。

（6）悬挂机构宜采用刚性联结方式进行拉结固定。

（7）悬挂机构前支架严禁支撑在女儿墙上、女儿墙外或建筑物挑檐边缘。

（8）前梁外伸长度应符合高处作业吊篮使用说明书的规定。

（9）悬挑横梁前高后低，前后水平高差不应大于横梁长度的2%。

（10）配重件应稳定可靠地安放在配重架上，并应有防止随意移动的措施。严禁使用破损的配重件或其他替代物。配重件的重量应符合设计规定。

（11）安装时钢丝绳应沿建筑物立面缓慢下放至地面，不得抛掷。

（12）当使用两个以上的悬挂机构时，悬挂机构吊点水平间距与吊篮平台的吊点间距应相等，其误差不应大于 50mm。

（13）悬挂机构前支架应与支撑面保持垂直，脚轮不得受力。

（14）安装任何形式的悬挑结构，其施加于建筑物或构筑物支承处的作用力，均应符合建筑结构的承载能力，不得对建筑物和其他设施造成破坏和不良影响。

（15）高处作业吊篮安装和使用时，在 10m 范围内如有高压输电线路，应按照现行行业标准《施工现场临时用电安全技术规范》（JGJ46—2005）的规定，采取隔离措施。

3. 使用

（1）高处作业吊篮应设置作业人员专用的挂设安全带的安全绳及安全锁扣。安全绳应固定在建筑物可靠位置上不得与吊篮上任何部位有连接，并应符合下列规定：

1）安全绳应符合现行国家标准《安全带》（GB6095—2009）的要求，其直径应与安全锁扣的规格相一致。

2）安全绳不得有松散、断股、打结现象。

3）安全锁扣的部件应完好、齐全，规格和方向标识应清晰可辨。

（2）吊篮宜安装防护棚，防止高处坠物造成作业人员伤害。

（3）吊篮应安装上限位装置，宜安装下限位装置。

（4）使用吊篮作业时，应排除影响吊篮正常运行的障碍。在吊篮下方可能造成坠落物伤害的范围，设置安全隔离区和警告标志，人员、车辆不得停留、通行。

（5）在吊篮内从事安装、维修等作业时，操作人员应佩戴工具袋。

（6）使用境外吊篮设备应有中文使用说明书；产品的安全性能应符合我国的现行标准。

（7）不得将吊篮作为垂直运输设备，不得采用吊篮运输物料。

（8）吊篮内作业人员不应超过 2 个。

（9）吊篮正常工作时，人员应从地面进入吊篮，不得从建筑物顶部、窗口等处或其他孔洞处出入吊篮。

（10）在吊篮内的作业人员应佩戴安全帽，系安全带，并应将安全锁扣正确挂置在独立设置的安全绳上。

（11）吊篮平台内应保持荷载均衡，严禁超载运行。

（12）吊篮做升降运行时，工作平台两端高差不得超过 150mm。

（13）使用离心触发式安全锁的吊篮在空中停留作业时，应将安全锁锁定在安全绳上；空中启动吊篮时，应先将吊篮提升使安全绳松弛后再开启安全锁。不得在安全绳受力时强行扳动安全锁开启手柄；不得将安全锁开启手柄固定于开启位置。

（14）吊篮悬挂高度在 60m 及其以下的，宜选用长边不大于 7.5m 的吊篮平台；悬挂高度在 100m 及其以下的，宜选用长边不大于 5.5m 的吊篮平台；悬挂高度 100m 以上的，宜选用不大于 2.5m 的吊篮平台。

（15）进行喷涂作业或使用腐蚀性液体进行清洗作业时，应对吊篮的提升机、安全锁、电气控制柜采取防污染保护措施。

（16）悬挑结构平行移动时，应将吊篮平台降落至地面，并应使其钢丝绳处于松弛状态。

（17）在吊篮内进行电焊作业时，应对吊篮设备、钢丝绳、电缆采取保护措施。不得将电焊机放置在吊篮内；电焊缆线不得与吊篮任何部位接触；电焊钳不得搭挂在吊篮上。

（18）在高温、高湿等不良气候和环境条件下使用吊篮时，应采取相应的安全技术措施。

（19）当吊篮施工遇有雨雪、大雾、风沙及5级以上大风等恶劣天气时，应停止作业，并应将吊篮平台停放至地面，应对钢丝绳、电缆进行绑扎固定。

（20）当施工中发现吊篮设备故障和安全隐患时，应及时排除，对可能危及人身安全时，必须停止作业，并应由专业人员进行维修。维修后的吊篮应重新进行验收检查，合格后方可使用。

（21）下班后不得将吊篮停留在半空中，应将吊篮放至地面。人员离开吊篮、进行吊篮维修或每日收工后应将主电源切断，并将电气柜中各开关置于断开位置并加锁。

4. 拆除

（1）高处作业吊篮拆除时应按照专项施工方案，并应在专业人员的指挥下实施。

（2）拆除前应将吊篮平台下落至地面，并应将钢丝绳从提升机、安全锁中退出，切断总电源。

（3）拆除支承悬挂结构时，应对作业人员和设备采取相应的安全措施。

（4）拆卸分解后的零部件不得放置在建筑物边缘，应采取防止坠落的措施。零散物品应放置在容器中。不得将吊篮任何部件从屋顶处抛下。

三、外挂防护架

1. 安装

（1）应根据专项施工方案的要求，在建筑结构上设置预埋件。预埋件应经验收合格后方可浇筑混凝土，并应做好隐蔽工程记录。

（2）安装防护架时，应先搭设操作平台。

（3）防护架应配合施工进度搭设，一次搭设的高度不应超过相邻连墙件以上两个步距。

（4）每搭完一步架后，应校正步距、纵距、横距及立杆的垂直度，确认合格后方可进行下道工序。

（5）竖向桁架安装宜在起重机辅助下进行。

（6）同一片防护架的相邻立杆的对接扣件应交错布置，在高度方向错开的距离不宜小于500mm；各接头中心至主节点的距离不宜大于步距的1/3。

（7）纵向水平杆应通长设置，不得搭接。

（8）当安装防护架的作业层高出辅助架二步时，应搭设临时连墙杆，待防护架提升时方可拆除。临时连墙杆可采用2.5～3.5m长钢管，一端与防护架第三步相连，一端与建筑结构相连。每片架体与建筑结构的临时连墙杆不得少于两处。

（9）防护架应设置在桁架底部的三角臂和上部的刚性连墙杆及柔性连墙件分别与建筑物上的预埋件相连接。根据不同的建筑结构形式，防护架的固定位置可分为在建筑结构边梁处、檐板处和剪力墙处（图4-3）。

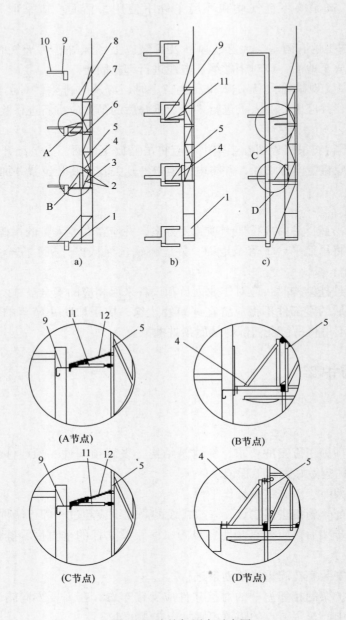

图 4-3　防护架固定示意图

a）边梁处　b）檐板　c）剪力墙处

1—架体　2—连接在桁架底部的双钢管　3—水平软防护　4—三角臂　5—竖向桁架
6—水平硬防护　7—相邻桁架之间连接钢管　8—施工层水平防护　9—预埋件　10—建筑物
11—刚性连墙件　12—柔性连墙件

2. 提升

（1）防护架的提升索具应使用现行国家标准《重要用途钢丝绳》（GB8918—2006）规定的钢丝绳。钢丝绳直径不应小于12.5mm。

（2）提升防护架的起重设备能力应满足要求，公称起重力矩值不得小于400kN·m，其额定起升重量的90%应大于架体重量。

（3）钢丝绳与防护架与连接点应在竖向桁架的顶部，连接处不得有尖锐凸角等。

（4）提升钢丝绳的长度应能保证提升平稳。

（5）提升速度不得大于3.5m/min。

（6）在防护架从准备提升到提升到位交付使用前，除操作人员以外的其他人员不得从事临边防护等作业。操作人员应佩戴安全带。

（7）当防护架提升、下降时，操作人员必须站在建筑物内或相邻的架体上，严禁站在防护架上操作；架体安装完毕前，严禁上人。

（8）每片架体均应分别与建筑物直接连接；不得在提升钢丝绳受力前拆除连墙件；不得在施工过程中拆除连墙件。

（9）当采用辅助架时，每一次提升前应在钢丝绳收紧受力后，才能拆除连墙杆件及与辅助架相连接的扣件。指挥人员应持证上岗，信号工、操作工应服从指挥、协调一致，不得缺岗。

（10）防护架提升时，必须按照"提升一片、固定一片、封闭一片"的原则进行，严禁提前拆除两片以上的架体、分片处的连接杆、立面及底部封闭设施。

（11）在每次防护架提升后，必须逐一检查扣件紧固程度；所有连接件拧紧力矩必须达到40～65N·m。

3. 拆除

（1）拆除防护架的准备工作应符合下列规定：

1）对防护架的连接扣件、连墙件、竖向桁架、三角臂应进行全面检查，并应符合构造要求。

2）应根据检查结果补充完善专项施工方案中的拆除顺序和措施，并应经总包和监理单位批准后方可实施。

3）应对操作人员进行拆除安全技术交底。

4）应清除防护架上杂物及地面障碍物。

（2）拆除防护架时，应符合下列规定：

1）应采用起重机械把防护架吊运到地面进行拆除。

2）拆除的构配件应按品种、规格随时码堆存放，不得抛掷。

第二节　建筑施工门式钢管脚手架

一、门架

1. 实际案例展示

2. 施工要点

（1）门架应能配套使用，在不同组合情况下，均应保证连接方便、可靠，且应具有良好的互换性。

（2）不同型号的门架与配件严禁混合使用。

（3）上下榀门架立杆应在同一轴线位置上，门架立杆轴线的对接偏差不应大于2mm。

（4）门式脚手架的内侧立杆离墙面净距不宜大于150mm；当大于150mm时，应采取内设挑架板或其他隔离防护的安全措施。

（5）门式脚手架顶端栏杆宜高出女儿墙上端或檐口上端1.5m。

二、配件

1. 实际案例展示

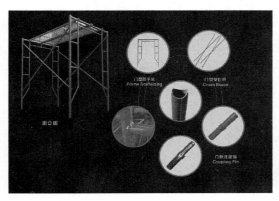 

2. 施工要点

（1）配件应与门架配套，并应与门架连接可靠。

（2）门架的两侧应设置交叉支撑，并应与门架立杆上的锁销锁牢。

（3）上下榀门架的组装必须设置连接棒，连接棒与门架立杆配合间隙不应大于 2mm。

（4）门式脚手架或模板支架上下榀门架间应设置锁臂，当采用插销式或弹销式连接棒时，可不设锁臂。

（5）门式脚手架作业层应连续满铺与门架配套的挂扣式脚手板，并应有防止脚手板松动或脱落的措施。当脚手板上有孔洞时，孔洞的内切圆直径不应大于 25mm。

（6）底部门架的立杆下端宜设置固定底座或可调底座。

（7）可调底座和可调托座的调节螺杆直径不应小于 35mm，可调底座的调节螺杆伸出长度不应大于 200mm。

三、加固杆

（1）门式脚手架剪刀撑的设置必须符合下列规定：

1）当门式脚手架搭设高度在 24m 及以下时，在脚手架的转角处、两端及中间间隔不超过 15m 的外侧立面必须各设置一道剪刀撑，并应由底至顶连续设置。

2）当脚手架搭设高度超过 24m 时，在脚手架全外侧立面上必须设置连续剪刀撑。

3）对于悬挑脚手架，在脚手架全外侧立面上必须设置连续剪刀撑。

（2）剪刀撑的构造应符合下列规定（图 4-4）：

1）剪刀撑斜杆与地面的倾角宜为 45°～60°。

2）剪刀撑应采用旋转扣件与门架立杆扣紧。

3）剪刀撑斜杆应采用搭接接长，搭接长度不宜小于 1000mm，搭接处应采用 3 个及以

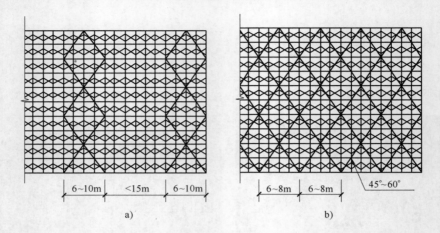

6~10m　　<15m　　6~10m　　　　6~8m　　6~8m　　45°~60°

a)　　　　　　　　　　　　　　　　b)

图 4-4　剪刀撑设置示意

a）脚手架搭设高度 24m 及以下　b）脚手架搭设高度 24m 以上

上旋转扣件扣紧。

4）每道剪刀撑的宽度不应大于 6 个跨距，且不应大于 10m；也不应小于 4 个跨距，且不应小于 6m。设置连续剪刀撑的斜杆水平间距宜为 6~8m。

（3）门式脚手架应在门架两侧的立杆上设置纵向水平加固杆，并应采用扣件与门架立杆扣紧。水平加固杆设置应符合下列要求：

1）在顶层、连墙件设置层必须设置。

2）当脚手架每步铺设挂扣式脚手板时，至少每 4 步应设置一道，并宜在有连墙件的水平层设置。

3）当脚手架搭设高度小于或等于 40m 时，至少每两步门架应设置一道；当脚手架搭设高度大于 40m 时，每步门架应设置一道。

4）在脚手架的转角处、开口型脚手架端部的两个跨距内，每步门架应设置一道。

5）悬挑脚手架每步门架应设置一道。

6）在纵向水平加固杆设置层面上应连续设置。

（4）门式脚手架的底层门架下端应设置纵、横向通长的扫地杆。纵向扫地杆应固定在距门架立杆底端不大于 200mm 处的门架立杆上，横向扫地杆宜固定在紧靠纵向扫地杆下方的门架立杆上。

四、转角处门架连接

（1）在建筑物的转角处，门式脚手架内、外两侧立杆上应按步设置水平连接杆、斜撑杆，将转角处的两榀门架连成一体（图 4-5）。

（2）连接杆、斜撑杆应采用钢管，其规格应与水平加固杆相同。

（3）连接杆、斜撑杆应采用扣件与门架立杆及水平加固杆扣紧。

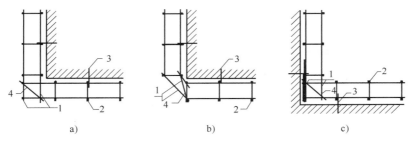

图 4-5 转角处脚手架连接

a）阳角转角处脚手架连接一 b）阳角转角处脚手架连接二 c）阴角转角处脚手架连接

1—连接杆 2—门架 3—连墙件 4—斜撑杆

五、连墙件

1. 实际案例展示

2. 施工要点

（1）连墙件设置的位置、数量应按专项施工方案确定，并应按确定的位置设置预埋件。

（2）连墙件的设置除应满足计算要求外，尚应满足表4-1的要求。

表 4-1 连墙件最大间距或最大覆盖面积

序　　号	脚手架搭设方式	脚手架高度/m	连墙件间距/m		每根连墙件覆盖面积/m²
			竖向	水平向	
1	落地、密目式安全网全封闭	≤40	3h	3l	≤40
2			2h	3l	≤27
3		>40			
4	悬挑、密目式安全网全封闭	≤40	3h	3l	≤40
5		40～60	2h	3l	≤27
6		>60	2h	2l	≤20

注：1. 序号4～6为架体位于地面上高度。

2. 按每根连墙件覆盖面积选择连墙件设置时，连墙件的竖向间距不应大于6m。

3. 表中 h 为步距，l 为跨距。

（3）在门式脚手架的转角处或开口型脚手架端部，必须增设连墙件，连墙件的垂直间距不应大于建筑物的层高，且不应大于4.0m。

（4）连墙件应靠近门架的横杆设置，距门架横杆不宜大于200mm。连墙件应固定在门架的立杆上。

（5）连墙件宜水平设置，当不能水平设置时，与脚手架连接的一端，应低于与建筑结构连接的一端，连墙杆的坡度宜小于1:3。

六、通道口

1. 实际案例展示

2. 施工要点

（1）门式脚手架通道口高度不宜大于 2 个门架高度，宽度不宜大于 1 个门架跨距。

（2）门式脚手架通道口应采取加固措施，并应符合下列规定：

1）当通道口宽度为一个门架跨距时，在通道口上方的内外侧应设置水平加固杆，水平加固杆应延伸至通道口两侧各一个门架跨距，并在两个上角内外侧应加设斜撑杆（图 4-6a）；

2）当通道口宽为两个及以上跨距时，在通道口上方应设置经专门设计和制作的托架梁，并应加强两侧的门架立杆（图 4-6b）。

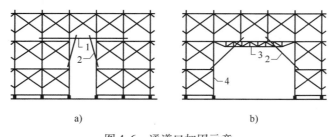

a)　　　　　　　　　　　　　　b)

图 4-6　通道口加固示意

a）通道口宽度为一个门架跨距　b）通道口宽为两个及以上跨距

1—水平加固杆　2—斜撑杆　3—托架梁　4—加强杆

七、斜梯

（1）作业人员上下脚手架的斜梯应采用挂扣式钢梯，并宜采用"之"字形设置，一个梯段宜跨越两步或三步门架再行转折。

（2）钢梯规格应与门架规格配套，并应与门架挂扣牢固。

（3）钢梯应设栏杆扶手、挡脚板。

八、地基

（1）门式脚手架与模板支架的地基承载力应根据规范规定经计算确定，在搭设时，根据不同地基土质和搭设高度条件，应符合表4-2的规定。

表4-2　地基要求

搭设高度/m	地基土质		
	中低压缩性且压缩性均匀	回填土	高压缩性或压缩性不均匀
≤24	夯实原土，干重力密度要求15.5kN/m³。立杆底座置于面积不小于0.075m²的垫木上	土夹石或素土回填夯实，立杆底座置于面积不小于0.10m²垫木上	夯实原土，铺设通长垫木
>24且≤40	垫木面积不小于0.10m²，其余同上	砂夹石回填夯实，其余同上	夯实原土，在搭设地面满铺C15混凝土，厚度不小于150mm
>40且≤55	垫木面积不小于0.15m²或铺通长垫木，其余同上	砂夹石回填夯实，垫木面积不小于0.15m²或铺通长垫木	夯实原土，在搭设地面满铺C15混凝土，厚度不小于200mm

注：垫木厚度不小于50mm，宽度不小于200mm；通长垫木的长度不小于1500mm。

（2）门式脚手架与模板支架的搭设场地必须平整坚实，并应符合下列规定：

1）回填土应分层回填，逐层夯实；

2）场地排水应顺畅，不应有积水。

（3）搭设门式脚手架的地面标高宜高于自然地坪标高50～100mm。

（4）当门式脚手架与模板支架搭设在楼面等建筑结构上时，门架立杆下宜铺设垫板。

九、悬挑式脚手架

1. 实际案例展示

2. 施工要点

（1）悬挑脚手架的悬挑支承结构应根据施工方案布设，其位置应与门架立杆位置对应，每一跨距宜设置一根型钢悬挑梁，并应按确定的位置设置预埋件。

（2）型钢悬挑梁锚固段长度应不小于悬挑段长度的 1.25 倍，悬挑支承点应设置在建筑结构的梁板上，不得设置在外伸阳台或悬挑楼板上（有加固措施的除外）（图 4-7）。

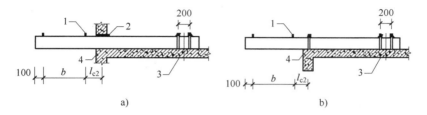

图 4-7　型钢悬挑梁在主体结构上的设置

a）型钢悬挑梁穿墙设置　b）型钢悬挑梁楼面设置

1—DN25 短钢管与钢梁焊接　2—木梗　3—锚固段压点　4—钢板（150mm×100mm×10mm）

（3）型钢悬挑梁宜采用双轴对称截面的型钢。

（4）型钢悬挑梁的锚固段压点应采用不少于2个（对）预埋U形钢筋拉环或螺栓固定；锚固位置的楼板厚度不应小于100mm，混凝土强度不应低于20MPa。U形钢筋拉环或螺栓应埋设在梁板下排钢筋的上边，并与结构钢筋焊接或绑扎牢固，锚固长度应符合现行国家标准《混凝土结构设计规范》（GB 50010—2010）中钢筋锚固的规定（图4-8）。

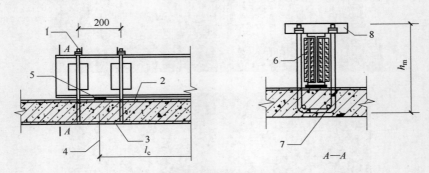

图4-8　型钢悬挑梁与楼板固定

1—锚固螺栓　2—负弯矩钢筋　3—建筑结构楼板　4—锚固螺栓中心
5—钢板　6—木楔　7—锚固钢筋（2Φ18长1500mm）　8—角钢

（5）用于锚固的U形钢筋拉环或螺栓应采用冷弯成型，钢筋直径不应小于16mm。

（6）当型钢悬挑梁与建筑结构采用螺栓钢压板连接固定时，钢压板尺寸不应小于100mm×10mm（宽×厚）；当采用螺栓角钢压板连接固定时，角钢的规格不应小于63mm×63mm×6mm。

（7）型钢悬挑梁与U形钢筋拉环或螺栓连接应紧固。当采用钢筋拉环连接时，应采用钢楔或硬木楔塞紧；当采用螺栓钢压板连接时，应采用双螺母拧紧。严禁型钢悬挑梁晃动。

（8）悬挑脚手架底层门架立杆与型钢悬挑梁应可靠连接，不得滑动或窜动。型钢梁上应设置固定连接棒与门架立杆连接，连接棒的直径不应小于25mm，长度不应小于100mm，应与型钢梁焊接牢固。

（9）悬挑脚手架的底层门架两侧立杆应设置纵向扫地杆，并应在脚手架的转角处、两端和中间间隔不超过15m的底层门架上各设置一道单跨距的水平剪刀撑，剪刀撑斜杆应与门架立杆底部扣紧。

（10）在建筑平面转角处（图4-9），型钢悬挑梁应经单独计算设置；架体应按步设置水平连接杆，并应与门架立杆或水平加固杆扣紧。

（11）每个型钢悬挑梁外端宜设置钢丝绳或钢拉杆与上一层建筑结构斜拉结（图4-10），钢丝绳、钢拉杆不得作为悬挑支撑结构的受力构件。

（12）悬挑脚手架在底层应满铺脚手板，并应将脚手板与型钢梁连接牢固。

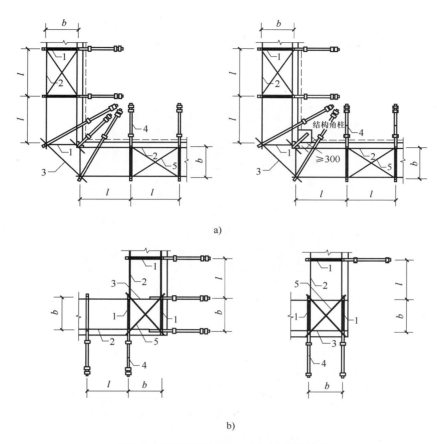

a)

b)

图 4-9　建筑平面转角处型钢悬挑梁设置

a）型钢悬挑梁在阳角处设置　b）型钢悬挑梁在阴角处设置

1—门架　2—水平加固杆　3—连接杆　4—型钢悬挑梁　5—水平剪刀撑

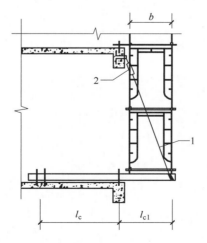

图 4-10　型钢悬挑梁端钢丝绳与建筑结构拉结

1—钢丝绳　2—花篮螺栓

十、满堂脚手架

1. 实际案例展示

2. 施工要点

（1）满堂脚手架的门架跨距和间距应根据实际荷载计算确定，门架净间距不宜超过1.2m。

（2）满堂脚手架的高宽比不应大于4，搭设高度不宜超过30m。

（3）满堂脚手架的构造设计，在门架立杆上宜设置托座和托梁，使门架立杆直接传递荷载。门架立杆上设置的托梁应具有足够的抗弯强度和刚度。

（4）满堂脚手架在每步门架两侧立杆上应设置纵向、横向水平加固杆，并应采用扣件与门架立杆扣紧。

（5）满堂脚手架的剪刀撑设置（图4-11）应符合下列要求：

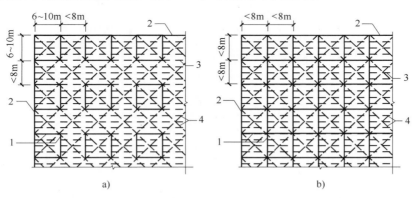

图4-11　剪刀撑设置示意

a）搭设高度12m及以下时剪刀撑设置　b）搭设高度超过12m时剪刀撑设置

1—竖向剪刀撑　2—周边竖向剪刀撑　3—门架　4—水平剪刀撑

1）搭设高度12m及以下时，在脚手架的周边应设置连续竖向剪刀撑；在脚手架的内部纵向、横向间隔不超过8m应设置一道竖向剪刀撑；在顶层应设置连续的水平剪刀撑。

2）搭设高度超过12m时，在脚手架的周边和内部纵向、横向间隔不超过8m应设置连续竖向剪刀撑；在顶层和竖向每隔4步应设置连续的水平剪刀撑。

3）竖向剪刀撑应由底至顶连续设置。

（6）在满堂脚手架的底层门架立杆上应分别设置纵向、横向扫地杆，并应采用扣件与门架立杆扣紧。

（7）满堂脚手架顶部作业区应满铺脚手板，并应采用可靠的连接方式与门架横杆固定。操作平台上的孔洞应按现行行业标准《建筑施工高处作业安全技术规范》（JGJ 80—1991）的规定防护。操作平台周边应设置栏杆和挡脚板。

（8）对高宽比大于2的满堂脚手架，宜设置缆风绳或连墙件等有效措施防止架体倾覆，缆风绳或连墙件设置宜符合下列规定：

1）在架体端部及外侧周边水平间距不宜超过10m设置；宜与竖向剪刀撑位置对应设置。

2）竖向间距不宜超过4步设置。

（9）满堂脚手架中间设置通道口时，通道口底层门架可不设垂直通道方向的水平加固杆和扫地杆，通道口上部两侧应设置斜撑杆，并应按现行行业标准《建筑施工高处作业安全技术规范》（JGJ 80—1991）的规定在通道口上部设置防护层。

十一、模板支架

1. 实际案例展示

2. 施工要点

（1）门架的跨距与间距应根据支架的高度、荷载由计算和构造要求确定，门架的跨距不宜超过 1.5m，门架的净间距不宜超过 1.2m。

（2）模板支架的高宽比不应大于 4，搭设高度不宜超过 24m。

（3）模板支架宜按相关规范规定设置托座和托梁，宜采用调节架、可调托座调整高度，可调托座调节螺杆的高度不宜超过 300mm。底座和托座与门架立杆轴线的偏差不应大于 20mm。

（4）用于支承梁模板的门架，可采用平行或垂直于梁轴线的布置方式（图 4-12）。

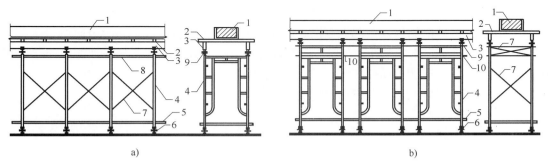

图 4-12 梁模板支架的布置方式（一）

a）门架垂直于梁轴线布置 b）门架平行于梁轴线布置

1—混凝土梁 2—小楞 3—托梁 4—门架 5—扫地杆 6—可调底座
7—交叉支撑 8—水平加固杆 9—可调托座 10—调节架

（5）当梁的模板支架高度较高或荷载较大时，门架可采用复式（重叠）的布置方式（图 4-13）。

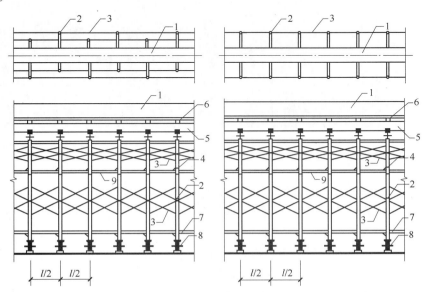

图 4-13 梁模板支架的布置方式（二）

1—混凝土梁 2—门架 3—交叉支撑 4—调节架 5—托梁 6—小楞 7—扫地杆 8—可调底座 9—水平加固杆

（6）梁板类结构的模板支架，应分别设计。板支架跨距（或间距）宜是梁支架跨距（或间距）的倍数，梁下横向水平加固杆应伸入板支架内不少于2根门架立杆，并应与板下门架立杆扣紧。

（7）当模板支架的高宽比大于2时，按规定设置缆风绳或连墙件。

（8）模板支架在支架的四周和内部纵横向应按现行行业标准《建筑施工模板安全技术规范》（JGJ 162—2008）的规定与建筑结构柱、墙进行刚性连接，连接点应设在水平剪刀撑或水平加固杆设置层，并应与水平杆连接。

（9）模板支架在每步门架两侧立杆上应设置纵向、横向水平加固杆，并应采用扣件与门架立杆扣紧。

（10）模板支架应设置剪刀撑对架体进行加固，应符合下列要求：

1）在支架的外侧周边及内部纵横向每隔6～8m，应由底至顶设置连续竖向剪刀撑。

2）搭设高度8m及以下时，在顶层应设置连续的水平剪刀撑；搭设高度超过8m时，在顶层和竖向每隔4步及以下应设置连续的水平剪刀撑。

3）水平剪刀撑宜在竖向剪刀撑斜杆交叉层设置。

十二、搭建

1. 实际案例展示

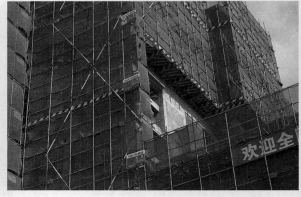

2. 施工要点

（1）门式脚手架与模板支架的搭设程序应符合下列规定：

1）门式脚手架的搭设应与施工进度同步，一次搭设高度不宜超过最上层连墙件两步，且自由高度不应大于4m。

2）满堂脚手架和模板支架应采用逐列、逐排和逐层的方法搭设。

3）门架的组装应自一端向另一端延伸，应自下而上按步架设，并应逐层改变搭设方向；不应自两端相向搭设或自中间向两端搭设。

4）每搭设完两步门架后，应校验门架的水平度及立杆的垂直度。

（2）搭设门架及配件应符合下列要求：

1）交叉支撑、脚手板应与门架同时安装。

2）连接门架的锁臂、挂钩必须处于锁住状态。

3）钢梯的设置应符合专项施工方案组装布置图的要求，底层钢梯底部应加设钢管并应采用扣件扣紧在门架立杆上。

4）在施工作业层外侧周边应设置 180mm 高的挡脚板和两道栏杆，上道栏杆高度应为 1 ~ 2m，下道栏杆应居中设置。挡脚板和栏杆均应设置在门架立杆的内侧。

（3）加固杆的搭设应符合下列要求：

1）水平加固杆、剪刀撑等加固杆件必须与门架同步搭设。

2）水平加固杆应设于门架立杆内侧，剪刀撑应设于门架立杆外侧。

（4）门式脚手架连墙件的安装必须符合下列规定：

1）连墙件的安装必须随脚手架搭设同步进行，严禁滞后安装。

2）当脚手架操作层高出相邻连墙件以上两步时，在挂墙件安装完毕前必须采用确保脚手架稳定的临时拉结措施。

（5）加固杆、连墙件等杆件与门架采用扣件连接时，应符合下列规定：

1）扣件规格应与所连接钢管的外径相匹配。

2）扣件螺栓拧紧扭力矩值应为 40 ~ 65N·m。

3）杆件端头伸出扣件盖板边缘长度不应小于 100mm。

（6）满堂脚手架与模板支架的可调底座、可调托座宜采取防止砂浆、水泥浆等污物填塞螺纹的措施。

十三、拆除

1. 实际案例展示

2. 施工要点

（1）架体的拆除应按拆除方案施工，并应在拆除前做好下列准备工作：

1）应对将拆除的架体进行拆除前的检查。

2）根据拆除前的检查结果补充完善拆除方案。

3）清除架体上的材料、杂物及作业面的障碍物。

（2）拆除作业必须符合下列规定：

1）架体的拆除应从上而下逐层进行，严禁上下同时作业。

2）同一层的构配件和加固杆件必须按先上后下、先外后内的顺序进行拆除。

3）连墙件必须随脚手架逐层拆除，严禁先将连墙件整层或数层拆除后再拆架体。拆除作业过程中，当架体的自由高度大于两步时，必须加设临时拉结。

4）连接门架的剪刀撑等加固杆件必须在拆卸该门架时拆除。

（3）拆卸连接部件时，应先将止退装置旋转至开启位置，然后拆除，不得硬拉，严禁敲击。拆除作业中，严禁使用手锤等硬物击打、撬别。

（4）当门式脚手架需分段拆除时，架体不拆除部分的两端应按规范规定采取加固措施后再拆除。

（5）门架与配件应采用机械或人工运至地面，严禁抛投。

（6）拆卸的门架与配件、加固杆等不得集中堆放在未拆架体上，并应及时检查、整修与保养，并宜按品种、规格分别存放。

第三节　建筑施工扣件式钢管脚手架

一、纵向水平杆、横向水平杆、脚手板

1. 实际案例展示

2. 施工要点

（1）纵向水平杆的构造应符合下列规定。

1）纵向水平杆应设置在立杆内侧，单根杆长度不应小于 3 跨。

2）纵向水平杆接长应采用对接扣件连接或搭接，并应符合下列规定。

① 两根相邻纵向水平杆的接头不应设置在同步或同跨内；不同步或不同跨两个相邻接头在水平方向错开的距离不应小于 500mm；各接头中心至最近主节点的距离不应大于纵距的 1/3（图 4-14）。

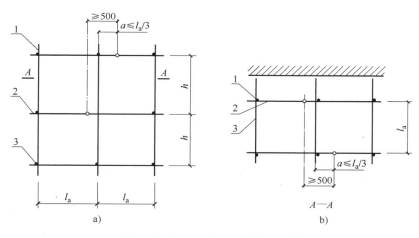

图 4-14 纵向水平杆对接接头布置

a）接头不在同步内（立面） b）接头不在同跨内（平面）

1—立杆 2—纵向水平杆 3—横向水平杆

② 搭接长度不应小于 1m，应等间距设置 3 个旋转扣件固定；端部扣件盖板边缘至搭接纵向水平杆杆端的距离不应小于 100mm。

3）当使用冲压钢脚手板、木脚手板、竹串片脚手板时，纵向水平杆应作为横向水平杆的支座，用直角扣件固定在立杆上；当使用竹笆脚手板时，纵向水平杆应采用直角扣件固定在横向水平杆上，并应等间距设置，间距不应大于400mm（图4-15）。

（2）横向水平杆的构造应符合下列规定：

1）作业层上非主节点处的横向水平杆，宜根据支承脚手板的需要等间距设置，最大间距不应大于纵距的1/2。

2）当使用冲压钢脚手板、木脚手板、竹串片脚手板时，双排脚手架的横向水平杆两端均应采用直角扣件固定在纵向水平杆上；单排脚手架的横向水平杆的一端应用直角扣件固定在纵向水平杆上，另一端应插入墙内，插入长度不应小于180mm。

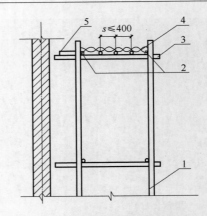

图4-15 铺竹笆脚手板时
纵向水平杆的构造
1—立杆 2—纵向水平杆 3—横向水平杆 4—竹笆脚手板 5—其他脚手板

3）当使用竹笆脚手板时，双排脚手架的横向水平杆的两端，应用直角扣件固定在立杆上；单排脚手架的横向水平杆的一端，应用直角扣件固定在立杆上，另一端插入墙内，插入长度不应小于180mm。

（3）主节点处必须设置一根横向水平杆，用直角扣件扣接且严禁拆除。

（4）脚手板的设置应符合下列规定：

1）作业层脚手板应铺满、铺稳、铺实。

2）冲压钢脚手板、木脚手板、竹串片脚手板等，应设置在三根横向水平杆上。当脚手板长度小于2m时，可采用两根横向水平杆支承，但应将脚手板两端与横向水平杆可靠固定，严防倾翻。脚手板的铺设应采用对接平铺或搭接铺设。脚手板对接平铺时，接头处应设两根横向水平杆，脚手板外伸长度应取130～150mm，两块脚手板外伸长度的和不应大于300mm；脚手板搭接铺设时，接头应支在横向水平杆上，搭接长度不应小于200mm，其伸出横向水平杆的长度不应小于100mm（图4-16）。

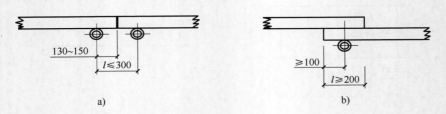

图4-16 脚手板对接、搭接构造
a）脚手板对接 b）脚手板搭接

3）竹笆脚手板应按其主竹筋垂直于纵向水平杆方向铺设，且应对接平铺，四个角应用直径不小于1.2mm的镀锌钢丝固定在纵向水平杆上。

4）作业层端部脚手板探头长度应取150mm，其板的两端均应固定于支承杆件上。

二、立杆

1. 实际案例展示

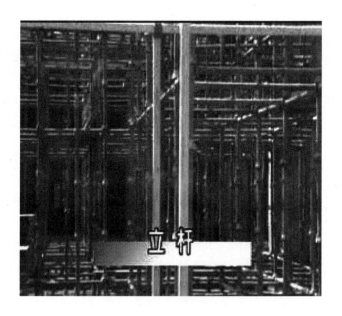

2. 施工要点

（1）每根立杆底部宜设置底座或垫板。

（2）脚手架必须设置纵、横向扫地杆。纵向扫地杆应采用直角扣件固定在距钢管底端不大于200mm处的立杆上。横向扫地杆应采用直角扣件固定在紧靠纵向扫地杆下方的立杆上。

（3）脚手架立杆基础不在同一高度上时，必须将高处的纵向扫地杆向低处延长两跨与立杆固定，高低差不应大于1m。靠边坡上方的立杆轴线到边坡的距离不应小于500mm（图4-17）。

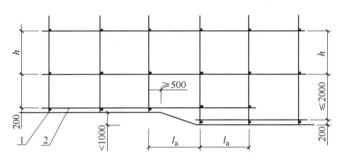

图 4-17　纵、横向扫地杆构造

1—横向扫地杆　2—纵向扫地杆

（4）单、双排脚手架底层步距均不应大于 2m。

（5）单排、双排与满堂脚手架立杆接长除顶层顶步外，其余各层各步接头必须采用对接扣件连接。

（6）脚手架立杆的对接、搭接应符合下列规定：

1）当立杆采用对接接长时，立杆的对接扣件应交错布置，两根相邻立杆的接头不应设置在同步内，同步内隔一根立杆的两个相隔接头在高度方向错开的距离不宜小于 500mm；各接头中心至主节点的距离不宜大于步距的 1/3。

2）当立杆采用搭接接长时，搭接长度不应小于 1m，并应采用不少于 2 个旋转扣件固定。端部扣件盖板的边缘至杆端距离不应小于 100mm。

（7）脚手架立杆顶端栏杆宜高出女儿墙上端 1m，宜高出檐口上端 1.5m。

三、连墙件

1. 实际案例展示

2. 施工要点

（1）脚手架连墙件设置的位置、数量应按专项施工方案确定。

（2）脚手架连墙件数量的设置除应满足相关规范的计算要求外，还应符合表 4-3 的规定。

表 4-3　连墙件布置最大间距

搭 设 方 法	高　　度	竖向间距/h	水平间距/l_a	每根连墙件覆盖面积/m^2
双排落地	≤50m	$3h$	$3l_a$	≤40
双排悬挑	>50m	$2h$	$3l_a$	≤27
单排	≤24m	$3h$	$3l_a$	≤40

注：h—步距；l_a—纵距。

（3）连墙件的布置应符合下列规定：

1）应靠近主节点设置，偏离主节点的距离不应大于300mm。

2）应从底层第一步纵向水平杆处开始设置，当该处设置有困难时，应采用其他可靠措施固定。

3）应优先采用菱形布置，或采用方形、矩形布置。

（4）开口型脚手架的两端必须设置连墙件，连墙件的垂直间距不应大于建筑的层高，并且不应大于4m。

（5）连墙件中的连墙杆应呈水平设置，当不能水平设置时，应向脚手架一端下斜连接。

（6）连墙件必须采用可承受拉力和压力的构造。对高度24m以上的双排脚手架，应采用刚性连墙件与建筑物连接。

（7）当脚手架下部暂不能设连墙件时应采取防倾覆措施。当搭设抛撑时，抛撑应采用通长杆件，并用旋转扣件固定在脚手架上，与地面的倾角应在45°～60°之间；连接点中心至主节点的距离不应大于300mm。抛撑应在连墙件搭设后再拆除。

（8）架高超过40m且有风涡流作用时，应采取抗上升翻流作用的连墙措施。

四、门洞

（1）单、双排脚手架门洞宜采用上升斜杆、平行弦杆桁架结构形式（图4-18），斜杆与地面的倾角 a 应在45°～60°之间。门洞桁架的形式宜按下列要求确定：

1）当步距（h）小于纵距（l_a）时，应采用A型；

2）当步距（h）大于纵距（l_a）时，应采用B型，并应符合下列规定：

① $h = 1.8$m 时，纵距不应大于1.5m。

② $h = 2.0$m 时，纵距不应大于1.2m。

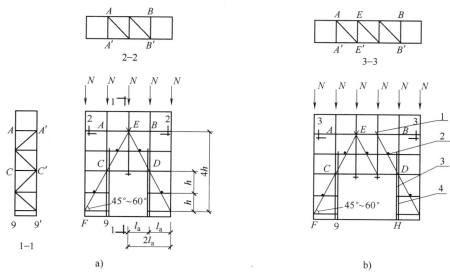

图4-18　门洞处上升斜杆、平行弦杆桁架

a）挑空一根立杆A型　b）挑空二根立杆A型

1—防滑扣件　2—增设的横向水平杆　3—副立杆　4—主立杆

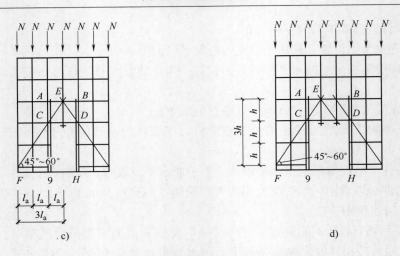

图 4-18　门洞处上升斜杆、平行弦杆桁架（续）

c）挑空一根立杆 B 型　d）挑空二根立杆 B 型

（2）单、双排脚手架门洞桁架的构造应符合下列规定：

1）单排脚手架门洞处，应在平面桁架（图 4-18a ~ 图 4-18d）的每一节间设置一根斜腹杆；双排脚手架门洞处的空间桁架，除下弦平面外，应在其余 5 个平面内的图示节间设置一根斜腹杆（图 4-18 中 1-1、2-2、3-3 剖面）。

2）斜腹杆宜采用旋转扣件固定在与之相交的横向水平杆的伸出端上，旋转扣件中心线至主节点的距离不宜大于 150mm。当斜腹杆在 1 跨内跨越 2 个步距时，宜在相交的纵向水平杆处，增设一根横向水平杆，将斜腹杆固定在其伸出端上。

3）斜腹杆宜采用通长杆件，当必须接长使用时，宜采用对接扣件连接，也可采用搭接。

（3）单排脚手架过窗洞时应增设立杆或增设一根纵向水平杆（图 4-19）。

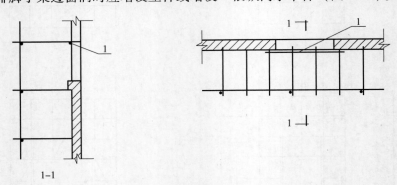

图 4-19　单排脚手架过窗洞构造

1—增设的纵向水平杆

（4）门洞桁架下的两侧立杆应为双管立杆，副立杆高度应高于门洞口 1 ~ 2 步。

（5）门洞桁架中伸出上下弦杆的杆件端头，均应增设一个防滑扣件（图 4-18），该扣件宜紧靠主节点处的扣件。

五、剪刀撑与横向斜撑

1. 实际案例展示

2. 施工要点

（1）双排脚手架应设置剪刀撑与横向斜撑，单排脚手架应设置剪刀撑。

（2）单、双排脚手架剪刀撑的设置应符合下列规定：

1）每道剪刀撑跨越立杆的根数应按表4-4的规定确定。每道剪刀撑宽度不应小于4跨，且不应小于6m，斜杆与地面的倾角应在45°~60°之间。

表4-4　剪刀撑跨越立杆的最多根数

剪刀撑斜杆与地面的倾角 α	45°	50°	60°
剪刀撑跨越立杆的最多根数 n	7	6	5

2）剪刀撑斜杆的接长应采用搭接或对接。

3）剪刀撑斜杆应用旋转扣件固定在与之相交的横向水平杆的伸出端或立杆上，旋转扣件中心线至主节点的距离不应大于150mm。

（3）高度在24m及以上的双排脚手架应在外侧全立面连续设置剪刀撑；高度在24m以下的单、双排脚手架，均必须在外侧两端、转角及中间间隔不超过15m的立面上，各设置一道剪刀撑，并应由底至顶连续设置（图4-20）。

（4）双排脚手架横向斜撑的设置应符合下列规定：

1）横向斜撑应在同一节间，由底至顶层呈之字形连续布置。

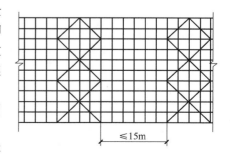

≤15m

图4-20　高度24m以下剪刀撑布置

2）高度在 24m 以下的封闭型双排脚手架可不设横向斜撑，高度在 24m 以上的封闭型脚手架，除拐角应设置横向斜撑外，中间应每隔 6 跨距设置一道。

（5）开口型双排脚手架的两端均必须设置横向斜撑。

六、斜道

（1）人行并兼作材料运输的斜道的形式宜按下列要求确定：

1）高度不大于 6m 的脚手架，宜采用一字形斜道。

2）高度大于 6m 的脚手架，宜采用之字形斜道。

（2）斜道的构造应符合下列规定。

1）斜道应附着外脚手架或建筑物设置。

2）运料斜道宽度不应小于 1.5m，坡度不应大于 1:6；人行斜道宽度不应小于 1m，坡度不应大于 1:3。

3）拐弯处应设置平台，其宽度不应小于斜道宽度。

4）斜道两侧及平台外围均应设置栏杆及挡脚板。栏杆高度应为 1.2m，挡脚板高度不应小于 180mm。

（3）斜道脚手板构造应符合下列规定：

1）脚手板横铺时，应在横向水平杆下增设纵向支托杆，纵向支托杆间距不应大于 500mm。

2）脚手板顺铺时，接头应采用搭接，下面的板头应压住上面的板头，板头的凸棱处应采用三角木填顺。

3）人行斜道和运料斜道的脚手板上应每隔 250～300mm 设置一根防滑木条，木条厚度应为 20～30mm。

七、满堂脚手架

（1）常用敞开式满堂脚手架结构的设计尺寸，可按表 4-5 采用。

表 4-5 常用敞开式满堂脚手架结构的设计尺寸

序 号	步距/m	立杆间距/m	支架高宽比不大于	下列施工荷载时最大允许高度/m	
				2（kN/m²）	3（kN/m²）
1	1.7～1.8	1.2×1.2	2	17	9
2		1.0×1.0	2	30	24
3		0.9×0.9	2	36	36
4	1.5	1.3×1.3	2	18	9
5		1.2×1.2	2	23	16
6		1.0×1.0	2	36	31
7		0.9×0.9	2	36	36

（续）

序　号	步距/m	立杆间距/m	支架高宽比不大于	下列施工荷载时最大允许高度/m	
				2（kN/m²）	3（kN/m²）
8		1.3×1.3	2	20	13
9		1.2×1.2	2	24	19
10	1.2	1.0×1.0	2	36	32
11		0.9×0.9	2	36	36
12	0.9	1.0×1.0	2	36	33
13		0.9×0.9	2	36	36

注：1. 最少跨数应符合相关规范规定。

2. 脚手板自重标准值取 0.35kN/m²。

3. 地面粗糙度为 B 类，基本风压 w_o = 0.35kN/m²。

4. 立杆间距不小于 1.2m×1.2m，施工荷载标准值不小于 3kN/m² 时，立杆上应增设防滑扣件，防滑扣件应安装牢固，且顶紧立杆与水平杆连接的扣件。

（2）满堂脚手架搭设高度不宜超过 36m；满堂脚手架施工层不得超过 1 层。

（3）满堂脚手架立杆接长接头必须采用对接扣件连接。水平杆长度不宜小于 3 跨。

（4）满堂脚手架应在架体外侧四周及内部纵、横向每 6～8m 由底至顶设置连续竖向剪刀撑。当架体搭设高度在 8m 以下时，应在架顶部设置连续水平剪刀撑；当架体搭设高度在 8m 及以上时，应在架体底部、顶部及竖向间隔不超过 8m 分别设置连续水平剪刀撑。水平剪刀撑宜在竖向剪刀撑斜杆相交平面设置。剪刀撑宽度应为 6～8m。

（5）剪刀撑应用旋转扣件固定在与之相交的水平杆或立杆上，旋转扣件中心线至主节点的距离不宜大于 150mm。

（6）满堂脚手架的高宽比不宜大于 3，当高宽比大于 2 时，应在架体的外侧四周和内部水平间隔 6～9m，竖向间隔 4～6m 设置连墙件与建筑结构拉结，当无法设置连墙件时，应采取设置钢丝绳张拉固定等措施。

（7）当满堂脚手架局部承受集中荷载时，应按实际荷载计算并应局部加固。

（8）满堂脚手架应设爬梯，爬梯踏步间距不得大于 300mm。

（9）满堂脚手架操作层支撑脚手板的水平杆间距不应大于 1/2 跨距。

八、满堂支撑架

（1）满堂支撑架立杆步距与立杆间距不宜超过规范规定的上限值，立杆伸出顶层水平杆中心线至支撑点的长度 a 不应超过 0.5m。满堂支撑架搭设高度不宜超过 30m。

（2）满堂支撑架立杆、水平杆的构造要求应符合本书规定。

（3）满堂支撑架应根据架体的类型设置剪刀撑，并应符合下列规定：

1）普通型。

① 在架体外侧周边及内部纵、横向每 5～8m，应由底至顶设置连续竖向剪刀撑，剪刀

撑宽度应为5~8m（图4-21）。

② 在竖向剪刀撑顶部交点平面应设置连续水平剪刀撑。当支撑高度超过8m，或施工总荷载大于15kN/m²，或集中线荷载大于20kN/m的支撑架，扫地杆的设置层应设置水平剪刀撑。水平剪刀撑至架体底平面距离与水平剪刀撑间距不宜超过8m（图4-21）。

2）加强型。

① 当立杆纵、横间距为0.9m×0.9m~1.2m×1.2m时，在架体外侧周边及内部纵、横向每4跨（且不大于5m），应由底至顶设置连续竖向剪刀撑，剪刀撑宽度应为4跨。

② 当立杆纵、横间距为0.6m×0.6m~0.9m×0.9m（含0.6m×0.6m，0.9m×0.9m）时，在架体外侧周边及内部纵、横向每5跨（且不小于3m），应由底至顶设置连续竖向剪刀撑，剪刀撑宽度应为5跨。

③ 当立杆纵、横间距为0.4m×0.4m~0.6m×0.6m（含0.4m×0.4m）时，在架体外侧周边及内部纵、横向每3~3.2m应由底至顶设置连续竖向剪刀撑，剪刀撑宽度应为3~3.2m。

④ 在竖向剪刀撑顶部交点平面应设置水平剪刀撑，水平剪刀撑至架体底平面距离与水平剪刀撑间距不宜超过6m，剪刀撑宽度应为3~5m（图4-22）。

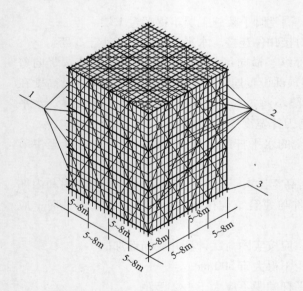

图4-21 普通型水平、竖向剪刀撑布置
1—水平剪刀撑 2—竖向剪刀撑
3—扫地杆设置层

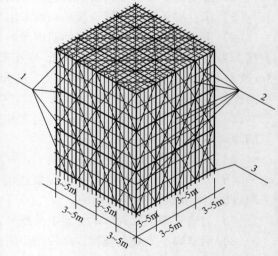

图4-22 加强型水平、竖向剪刀撑构造布置
1—水平剪刀撑 2—竖向剪刀撑
3—扫地杆设置层

九、型钢悬挑脚手架

1. 实际案例展示

2. 施工要点

（1）当立杆纵、横间距为 0.4m×0.4m～0.6m×0.6m（含 0.4m×0.4m）时，在架体外侧周边及内部纵、横向每 3～3.2m 应由底至顶设置连续竖向剪刀撑，剪刀撑宽度应为 3～3.2m。

（2）在竖向剪刀撑顶部交点平面应设置水平剪刀撑，水平剪刀撑至架体底平面距离与水平剪刀撑间距不宜超过 6m，剪刀撑宽度应为 3～5m（图 4-23）。

（3）用于锚固的 U 形钢筋拉环或螺栓应采用冷弯成型。U 形钢筋拉环、锚固螺栓与型钢间隙应用钢楔或硬木楔楔紧。

（4）每个型钢悬挑梁外端宜设置钢丝绳或钢拉杆与上一层建筑结构斜拉结。钢丝绳、钢拉杆不参与悬挑钢梁受力计算；钢丝绳与建筑结构拉结的吊环应使用 HPB300 级钢筋，其

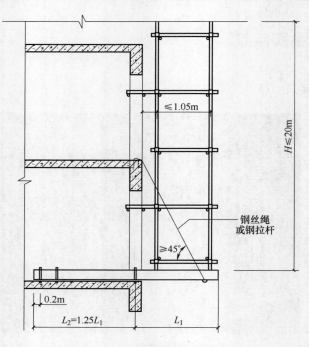

图 4-23　型钢悬挑脚手架构造

直径不宜小于 20mm，吊环预埋锚固长度应符合现行国家标准《混凝土结构设计规范》（GB50010—2010）中钢筋锚固的规定。

（5）悬挑钢梁悬挑长度应按设计确定，固定段长度不应小于悬挑段长度的 1.25 倍。型钢悬挑梁固定端应采用 2 个（对）及以上 U 形钢筋拉环或锚固螺栓与建筑结构梁板固定，U 形钢筋拉环或锚固螺栓应预理至混凝土梁、板底层钢筋位置，并应与混凝土梁、板底层钢筋焊接或绑扎牢固，其锚固长度应符合现行国家标准《混凝土结构设计规范》（GB50010—2010）中钢筋锚固的规定（图 4-24 ~ 图 4-26）。

（6）当型钢悬挑梁与建筑结构采用螺栓钢压板连接固定时，钢压板尺寸不应小于 100mm × 10mm（宽 × 厚）；当采用螺栓角钢压板连接时，角钢的规格不应小于 63mm × 63mm × 6mm。

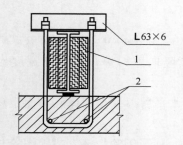

图 4-24　悬挑钢梁 U 形螺栓固定构造
1—木楔侧向楔紧
2—两根 1.5m 长直径 18mm HRB335 钢筋

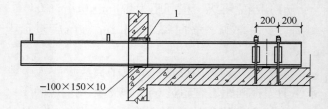

图 4-25　悬挑钢梁穿墙构造
1—木楔楔紧

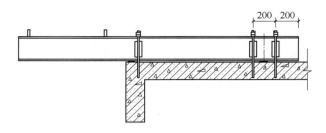

图 4-26 悬挑钢梁楼面构造

（7）型钢悬挑梁悬挑端应设置能使脚手架立杆与钢梁可靠固定的定位点，定位点离悬挑梁端部不应小于 100mm。

（8）锚固位置设置在楼板上时，楼板的厚度不宜小于 120mm。如果楼板的厚度小于 120mm 应采取加固措施。

（9）悬挑梁间距应按悬挑架架体立杆纵距设置，每一纵距设置一根。

（10）悬挑架的外立面剪刀撑应自下而上连续设置。

（11）锚固型钢的主体结构混凝土强度等级不得低于 C20。

十、搭设

（1）单、双排脚手架必须配合施工进度搭设，一次搭设高度不应超过相邻连墙件以上两步；如果超过相邻连墙件以上两步，无法设置连墙件时，应采取撑拉固定等措施与建筑结构拉结。

（2）底座安放应符合下列规定：

1）底座、垫板均应准确地放在定位线上。

2）垫板应采用长度不少于 2 跨、厚度不小于 50mm、宽度不小 200mm 的木垫板。

（3）立杆搭设应符合下列规定：

1）脚手架开始搭设立杆时，应每隔 6 跨设置一根抛撑，直至连墙件安装稳定后，方可根据情况拆除。

2）当架体搭设至有连墙件的主节点时，在搭设完该处的立杆、纵向水平杆、横向水平杆后，应立即设置连墙件。

（4）脚手架纵向水平杆的搭设应符合下列规定：

1）脚手架纵向水平杆应随立杆按步搭设，并应采用直角扣件与立杆固定。

2）在封闭型脚手架的同一步中，纵向水平杆应四周交圈设置，并应用直角扣件与内外角部立杆固定。

（5）脚手架横向水平杆搭设应符合下列规定：

1）双排脚手架横向水平杆的靠墙一端至墙装饰面的距离不应大于 100mm。

2）单排脚手架的横向水平杆不应设置在下列部位。

① 设计上不允许留脚手眼的部位。

② 过梁上与过梁两端成 60°角的三角形范围内及过梁净跨度 1/2 的高度范围内。

③ 宽度小于 1m 的窗间墙。

④ 梁或梁垫下及其两侧各 500mm 的范围内。

⑤ 砖砌体的门窗洞口两侧 200mm 和转角处 450mm 的范围内，其他砌体的门窗洞口两侧 300mm 和转角处 600mm 的范围内。

⑥ 墙体厚度小于或等于 180mm。

⑦ 独立或附墙砖柱，空斗砖墙、加气块墙等轻质墙体。

⑧ 砌筑砂浆强度等级小于或等于 M2.5 的砖墙。

（6）脚手架连墙件安装应符合下列规定：

1）连墙件的安装应随脚手架搭设同步进行，不得滞后安装。

2）当单、双排脚手架施工操作层高出相邻连墙件以上两步时，应采取确保脚手架稳定的临时拉结措施，直到上一层连墙件安装完毕后再根据情况拆除。

（7）脚手架剪刀撑与单、双排脚手架横向斜撑应随立杆、纵向和横向水平杆等同步搭设，不得滞后安装。

（8）扣件安装应符合下列规定：

1）扣件规格应与钢管外径相同。

2）螺栓拧紧扭力矩不应小于 40N·m，且不应大于 65N·m。

3）在主节点处固定横向水平杆、纵向水平杆、剪刀撑、横向斜撑等用的直角扣件、旋转扣件的中心点的相互距离不应大于 150mm。

4）对接扣件开口应朝上或朝内。

5）各杆件端头伸出扣件盖板边缘的长度不应小于 100mm。

（9）作业层、斜道的栏杆和挡脚板的搭设应符合下列规定（图 4-27）：

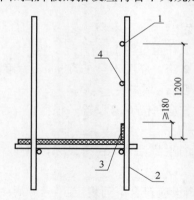

图 4-27　栏杆与挡脚板构造
1—上栏杆　2—外立杆　3—挡脚板　4—中栏杆

1）栏杆和挡脚板均应搭设在外立杆的内侧。

2）上栏杆上皮高度应为 1.2m。

3）挡脚板高度不应小于 180mm。

4）中栏杆应居中设置。

（10）脚手板的铺设应符合下列规定：

1）脚手板应铺满、铺稳，离墙面的距离不应大于 150mm。

2）脚手板探头应用直径 3.2mm 的镀锌钢丝固定在支承杆件上。

3）在拐角、斜道平台口处的脚手板，应用镀锌钢丝固定在横向水平杆上，防止滑动。

第四节　建筑施工碗扣式钢管脚手架

一、双排外脚手架

1. 实际案例展示

2. 施工要点

（1）双排脚手架应根据使用条件及荷载要求选择结构设计尺寸，横杆步距宜选用1.8m，廊道宽度（横距）宜选用1.2m，立杆纵向间距可选择不同规格的系列尺寸。

（2）曲线布置的双排外脚手架组架时，应按曲率要求使用不同长度的内外横杆组架，曲率半径应大于2.4m。

（3）双排外脚手架拐角为直角时，宜采用横杆直接组架（图4-28a）；拐角为非直角时，可采用钢管扣件组架（图4-28b）。

钢管扣件

a)　　　　　　　　　　　　b)

图 4-28　拐角组架图

a）横杆组架　b）钢管扣件组架

（4）脚手架首层立杆应采用不同的长度交错布置，底部横杆（扫地杆）严禁拆除，立杆应配置可调底座（图4-29）。

（5）脚手架专用斜杆设置应符合下列规定：

1）斜杆应设置在有纵向及廊道横杆的碗扣节点上。

2）脚手架拐角处及端部必须设置竖向通高斜杆（图4-30）。

3）脚手架高度≤20m时，每隔5跨设置一组竖向通高斜杆；脚手架高度大于20m时，每隔3跨设置一组竖向通高斜杆；斜杆必须对称设置（图4-31）。

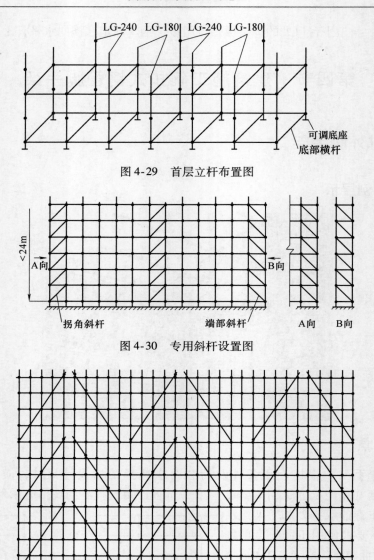

图 4-29　首层立杆布置图

图 4-30　专用斜杆设置图

图 4-31　钢管扣件斜杆设置图

4）斜杆临时拆除时，应调整斜杆位置，并严格控制同时拆除的根数。

（6）当采用钢管扣件做斜杆时应符合下列规定：

1）斜杆应每步与立杆扣接，扣接点距碗扣节点的距离宜小于等于 150mm；当出现不能与立杆扣接的情况时亦可采取与横杆扣接，扣接点应牢固。

2）斜杆宜设置成八字形，斜杆水平倾角宜在 45°～60°之间，纵向斜杆间距可间隔 1～2 跨（图 4-31）。

3）脚手架高度超过 20m 时，斜杆应在内外排对称设置。

（7）连墙杆的设置应符合下列规定：

1）连墙杆与脚手架立面及墙体应保持垂直，每层连墙杆应在同一平面，水平间距应不大于 4 跨。

2）连墙杆应设置在有廊道横杆的碗扣节点处，采用钢管扣件作连墙杆时，连墙杆应采用直角扣件与立杆连接，连接点距碗扣节点距离应小于等于 150mm。

3）连墙杆必须采用可承受拉、压荷载的刚性结构。

（8）当连墙件竖向间距大于 4m 时，连墙件内外立杆之间必须设置廊道斜杆或十字撑（图 4-32）。

（9）当脚手架高度超过 20m 时，上部 20m 以下的连墙杆水平处必须设置水平斜杆。

（10）脚手板设置应符合下列规定：

1）钢脚手板的挂钩必须完全落在廊道横杆上，并带有自锁装置，严禁浮放。

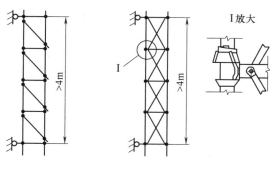

图 4-32　廊道斜杆及十字撑设置示意

2）平放在横杆上的脚手板，必须与脚手架连接牢靠，可适当加设间横杆，脚手板探头长度应小于 150mm。

3）作业层的脚手板框架外侧应设挡脚板及防护栏，护栏应采用二道横杆。

（11）人行坡道坡度可为 1∶3，并在坡道脚手板下增设横杆，坡道可折线上升（图 4-33）。

（12）人行梯架应设置在尺寸为 1.8m×1.8m 的脚手架框架内，梯子宽度为廊道宽度的 1/2，梯架可在一个框架高度内折线上升。梯架拐弯处应设置脚手板及扶手（图 4-34）。

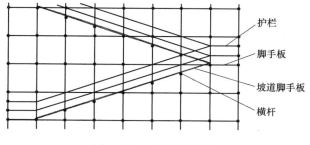

图 4-33　人行坡道设置

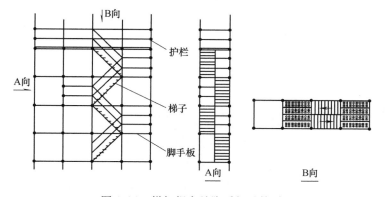

图 4-34　梯架拐弯处脚手板及扶手

（13）脚手架上的扩展作业平台挑梁宜设置在靠建筑物一侧，按脚手架离建筑物间距及荷载选用窄挑梁或宽挑梁。宽挑梁可铺设两块脚手板，宽挑梁上的立杆应通过横杆与脚手架连接（图 4-35）。

二、模板支架

（1）模板支撑架应根据施工荷载组配横杆及选择步距，根据支撑高度选择组配立杆、可调托撑及可调底座。

（2）模板支撑架高度超过4m时，应在四周拐角处设置专用斜杆或四面设置八字斜杆，并在每排每列设置一组通高十字撑或专用斜杆（图4-36）。

（3）模板支撑架高宽比不得超过3，否则应扩大下部架体尺寸（图4-37），或者按有关规定验算，采取设置缆风绳等加固措施。

（4）房屋建筑模板支撑架可采用立杆支撑楼板、横杆支撑梁的梁板合支方法。当梁的荷载超过横杆的设计承载力时，可采取独立支撑的方法，并与楼板支撑连成一体（图4-38）。

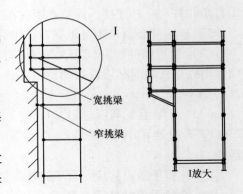

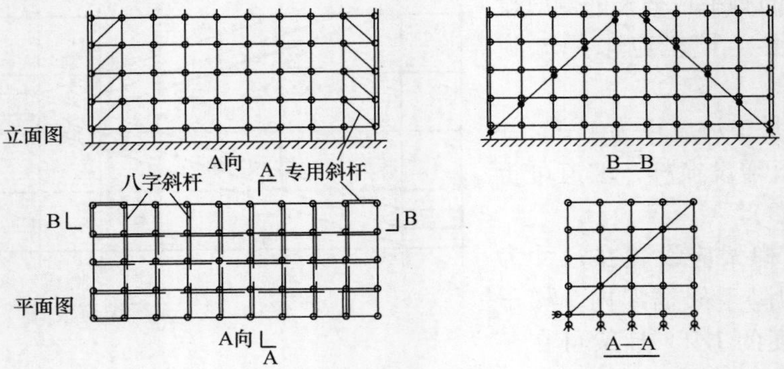

图4-35　宽挑梁上的立杆应通过横杆与脚手架连接

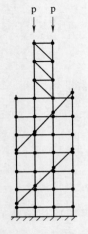

图4-37　扩大下部架体示意

图4-36　模板支撑架斜杆设置示意

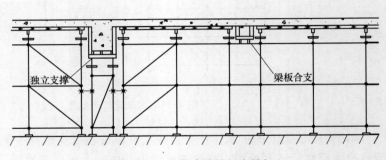

图4-38　房屋建筑楼板支撑架

（5）人行通道应符合下列规定：

1）双排脚手架人行通道设置时，应在通道上部架设专用梁，通道两侧脚手架应加设斜杆。（图4-39）。

2）模板支撑架人行通道设置时，应在通道上部架设专用横梁，横梁结构应经过设计计算确定。通道两侧支撑横梁的立杆根据计算应加密，通道周围脚手架应组成一体。通道宽度应≤4.8m（图4-40）。

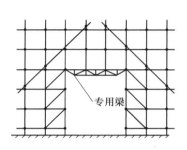
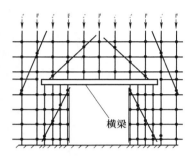

图4-39　双排外脚手架人行通道设置　　　　图4-40　模板支撑架人行洞口设置

3）洞口顶部必须设置封闭的覆盖物，两侧设置安全网。通行机动车的洞口，必须设置防撞设施。

三、脚手架搭建

1. 实际案例展示

2. 施工要点

（1）底座和垫板应准确地放置在定位线上；垫板宜采用长度不少于 2 跨，厚度不小于 50mm 的木垫板；底座的轴心线应与地面垂直。

（2）脚手架搭设应按立杆、横杆、斜杆、连墙件的顺序逐层搭设，每次上升高度不大于 3m。底层水平框架的纵向直线度应不大于 $L/200$；横杆间水平度应不大于 $L/400$。

（3）脚手架的搭设应分阶段进行，第一阶段的撂底高度一般为 6m，搭设后必须经检查验收后方可正式投入使用。

（4）脚手架的搭设应与建筑物的施工同步上升，每次搭设高度必须高于即将施工楼层 1.5m。

（5）脚手架全高的垂直度应小于 $L/500$；最大允许偏差应小于 100mm。

（6）脚手架内外侧加挑梁时，挑梁范围内只允许承受人行荷载，严禁堆放物料。

（7）连墙件必须随架子高度上升及时在规定位置处设置，严禁任意拆除。

（8）作业层设置应符合下列要求：

1）必须满铺脚手板，外侧应设挡脚板及护身栏杆。

2）护身栏杆可用横杆在立杆的 0.6m 和 1.2m 的碗扣接头处搭设两道。

3）作业层下的水平安全网应按《建筑施工安全技术统一规范》（GB50870—2013）规定设置。

（9）采用钢管扣件作加固件、连墙件、斜撑时应符合《建筑施工扣件式钢管脚手架安全技术规范》（JGJ130—2011）的有关规定。

（10）脚手架搭设到顶时，应组织技术、安全、施工人员对整个架体结构进行全面的检查和验收，及时解决存在的结构缺陷。

第五节 液压升降整体脚手架

一、液压升降装置

1. 实际案例展示

2. 施工要点

（1）液压油维护应符合下列要求：

1）不同牌号液压油不得混用。

2）液压升降装置应每月进行一次维护，各液压元件的功能应保持正常。

3）液压油应每月进行一次检查化验，清洁度应达到 NAS 9 级。

（2）当液压系统出现异常噪声时，应立即停机检查，排除噪声源后方可运行。

（3）液压升降装置应安装在不易受到机械损伤的位置，应具有防淋、防尘措施。

（4）液压管路应固定在架体上。

（5）液压控制台的安装底部应有足够的强度和刚度，应具有防淋、防尘的措施。

（6）液压升降装置在使用 12 个月或工程结束后，应更换密封件，检验卡齿，并应重新采取防腐、防锈措施。

二、防坠落装置

1. 实际案例展示

2. 施工要点

（1）液压升降整体脚手架的每个机位必须设置防坠落装置，防坠落装置的制动距离不得大于 80mm。

（2）防坠落装置应设置在竖向主框架或附着支承结构上。

（3）防坠落装置使用完一个单体工程或停止使用 6 个月后，应经检验合格后方可再次使用。

（4）防坠落装置受力杆件与建筑结构必须可靠连接。

三、防倾覆装置

（1）液压升降整体脚手架在升降工况下，竖向主框架位置的最上附着支承和最下附着支承之间的最小间距不得小于 2.8m 或 1/4 架体高度；在使用工况下，竖向主框架位置的最上附着支承和最下附着支承之间的最小间距不得小于 5.6m 或 1/2 架体高度。

（2）防倾覆导轨应与竖向主框架有可靠连接。

（3）防倾覆装置应具有防止竖向主框架前、后、左、右倾斜的功能。

（4）防倾覆装置应采用螺栓与建筑主体结构连接，其装置与导轨之间的间隙不应大于 8mm。

（5）架体的垂直度偏差不应大于架体全高的 0.5%，防倾覆装置通过调节应满足架体垂直度的要求。

（6）防倾覆装置与导轨的摩擦宜采用滚动摩擦。

四、荷载控制及同步控制装置

（1）液压升降整体脚手架升降时必须具有荷载控制或同步控制功能。

（2）当某一机位的荷载超过设计值的30%或失载的70%时，荷载控制系统应能自动停机并报警。

（3）当相邻机位高差达到30mm或整体架体最大升降差超过80mm时，同步控制系统应能自动停机并报警，待其他机位与超高超低机位相平时方可重新开机。

五、液压升降整体脚手架安装

（1）液压升降整体脚手架应由有资质的安装单位施工。

（2）安装单位应核对脚手架搭设构（配）件、设备及周转材料的数量、规格，查验产品质量合格证、材质检验报告等文件资料。构（配）件、设备、周转材料应符合下列规定：

1）钢管应符合现行国家标准《直缝电焊钢管》（GB/T 13793—2008）的规定。

2）钢管脚手架的连接扣件应采用可锻铸铁制作，其材质应符合现行国家标准《钢管脚手架扣件》（GB 15831—2006）的规定，并在螺栓拧紧的扭力矩达到65N·m时，不得发生破坏。

3）脚手板应采用钢、木、竹材料制作，其材质应符合相应国家现行标准的有关规定。

4）安全围护材料及辅助材料应符合相应国家现行标准的有关规定。

（3）应核实预留螺栓孔或预埋件的位置和尺寸。

（4）应查验竖向主框架、水平支承、附着支承、液压升降装置、液压控制台、油管、各液压元件、防坠落装置、防倾覆装置、导向部件的数量和质量。

（5）应设置安装平台，安装平台应能承受安装时的垂直荷载。高度偏差应小于20mm；水平支承底平面高差应小于20mm。

（6）架体的垂直度偏差应小于架体全高的0.5%，且不应大于60mm。

（7）安装过程中竖向主框架与建筑结构间应采取可靠的临时固定措施，确保竖向主框架的稳定。

（8）架体底部应铺设脚手板，脚手板与墙体间隙不应大于50mm，操作层脚手板应满铺牢固，孔洞直径宜小于25mm。

（9）剪刀撑斜杆与地面的夹角为45°~60°。

（10）每个竖向主框架所覆盖的每一楼层处应设置一道附着支承及防倾覆装置。

（11）防坠落装置应设置在竖向主框架处，防坠吊杆应附着在建筑结构上，且必须与建筑结构可靠连接。每一升降点应设置一个防坠落装置，在使用和升降工况下应能起作用。

（12）防坠落装置与液压升降装置联动机构的安装，应先将液压升降装置处于受力状态，调节螺栓将防坠落装置打开，防坠杆件应能自由地在装置中间移动；当液压升降装置处于失力状态时，防坠落装置应能锁紧防坠杆件。

（13）在竖向主框架位置应设置上下两个防倾覆装置，才能安装竖向主框架。

（14）液压升降装置应安装在竖向主框架上，并应有可靠的连接。

（15）控制台应布置在所有机位的中心位置，向两边均排油管；油管应固定在架体上，应有防止碰撞的措施，转角处应圆弧过渡。

（16）在额定工作压力下，应保压30min，所有的管接头滴漏总量不得超过3滴油。

（17）架体的外侧防护应采用安全密目网，安全密目网应布设在外立杆内侧。

六、液压升降整体脚手架升降

（1）在液压升降整体脚手架升降过程中，应设立统一指挥，统一信号。参与的作业人员必须服从指挥，确保安全。

（2）升降时应进行检查，并应符合下列要求：

1）液压控制台的压力表、指示灯、同步控制系统的工作情况应无异常现象。

2）各个机位建筑结构受力点的混凝土墙体或预埋件应无异常变化。

3）各个机位的竖向主框架、水平支承结构、附着支承结构、导向、防倾覆装置、受力构件应无异常现象。

4）各个防坠落装置的开启情况和失力锁紧工作应正常。

（3）当发现异常现象时，应停止升降工作。查明原因、隐患排除后方可继续进行升降工作。

七、液压升降整体脚手架使用

（1）在使用过程中严禁下列违章作业：

1）架体上超载、集中堆载。

2）利用架体作为吊装点和张拉点。

3）利用架体作为施工外模板的支模架。

4）拆除安全防护设施和消防设施。

5）构件碰撞或扯动架体。

6）其他影响架体安全的违章作业。

（2）施工作业时，应有足够的照度。

（3）液压升降整体脚手架使用过程中，应每月进行一次检查，检查合格后方可继续使用。

（4）作业期间，应每天清理架体、设备、构配件上的混凝土、尘土和建筑垃圾。

（5）每完成一个单体工程，应对液压升降整体脚手架部件、液压升降装置、控制设备、防坠落装置等进行保养和维修。

（6）液压升降整体脚手架的部件及装置，出现下列情况之一时，应予以报废：

1）焊接结构件严重变形或严重锈蚀。

2）螺栓发生严重变形、严重磨损、严重锈蚀。

3）液压升降装置主要部件损坏。

4）防坠落装置的部件发生明显变形。

八、液压升降整体脚手架拆除

（1）液压升降整体脚手架的拆除工作应按专项施工方案执行，并应对拆除人员进行安全技术交底。

（2）液压升降整体脚手架的拆除工作宜在低空进行。

（3）拆除后的材料应随拆随运，分类堆放，严禁抛掷。

第六节 建筑施工木脚手架

一、外脚手架的构造与搭设

（1）结构和装修外脚手架，其构造参数应按表4-6的规定采用。

表4-6 外脚手架构造参数

用　途	构造形式	内立杆轴线至墙面距离/m	立杆间距/m		作业层横向水平杆间距/m	纵向水平杆竖向步距/m
			横距	纵距		
结构架	单排	—	≤1.2	≤1.5	L≤0.75	≤1.5
	双排	≤0.5	≤1.2	≤1.5	L≤0.75	≤1.5
装修架	单排	—	≤1.2	≤2.0	L≤1.0	≤1.8
	双排	≤0.5	≤1.2	≤2.0	L≤1.0	≤1.8

注：单排脚手架上不得有运料小车行走。

（2）剪刀撑的设置应符合下列规定：

1）单、双排脚手架的外侧均应在架体端部、转折角和中间每隔15m的净距内，设置纵向剪刀撑，并应由底至顶连续设置；剪刀撑的斜杆应至少覆盖5根立杆（图4-41a）。斜杆与地面倾角应在45°～60°之间。当架长在30m以内时，应在外侧立面整个长度和高度上连续设置多跨剪刀撑（图4-41b）。

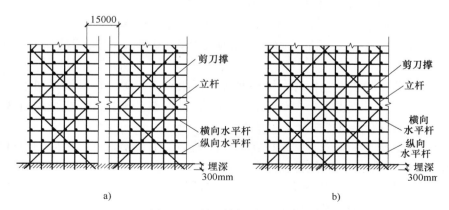

图 4-41 剪刀撑构造图（一）
a）间隔式剪刀撑 b）连续式剪刀撑

2）剪刀撑的斜杆的端部应置于立杆与纵、横向水平杆相交节点处，与横向水平杆绑扎应牢固。中部与立杆及纵、横向水平杆各相交处均应绑扎牢固。

3）对不能交圈搭设的单片脚手架，应在两端端部从底到上连续设置横向斜撑（图4-42a）。

4）斜撑或剪刀撑的斜杆底端埋入土内深度不得小于0.3m（图4-42b）。

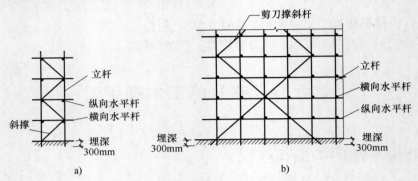

图4-42　剪刀撑构造图（二）

a）斜撑的埋设　b）剪刀撑斜杆的埋设

（3）对三步以上的脚手架，应每隔7根立杆设置1根抛撑。抛撑应进行可靠固定，底端埋深应为0.2～0.3m。

（4）当脚手架架高超过7m时，必须在搭架的同时设置与建筑物牢固连接的连墙件。连墙件的设置应符合下列规定：

1）连墙件应既能抗拉又能承压，除应在第一步架高处设置外，双排架应两步三跨设置一个，单排架应两步两跨设置一个，连墙件应沿整个墙面采用梅花形布置。

2）开口型脚手架，应在两端端部沿竖向每步架设置一个。

3）连墙件应采用预埋件和工具化、定型化的连接构造。

（5）横向水平杆设置应符合下列规定：

1）横向水平杆应按等距离均匀设置，但立杆与纵向水平杆交接处必须设置，且应与纵向水平杆捆绑在一起。三杆交叉点称为主节点。

2）单排脚手架横向水平杆在砖墙上搁置的长度不应小于240mm，其外端伸出纵向水平杆的长度不应小于200mm，双排脚手架横向水平杆每端伸出纵向水平杆的长度不应小于200mm，里端距墙面宜为100～150mm，两端应与纵向水平杆绑扎牢固。

（6）在土质地面挖掘立杆基坑时，坑深应为0.3～0.5m，并应于埋杆前将坑底夯实，或按计算要求加设垫木。

（7）当双排脚手架搭设立杆时，里外两排立杆距离应相等。杆身沿纵向垂直允许偏差应为架高的3/1000，且不得大于100mm，并不得向外倾斜。埋杆时，应采用石块卡紧，再分层回填夯实，并应有排水措施。

（8）当立杆底端无法埋地时，立杆在地表面处必须加设扫地杆。横向扫地杆距地表面应为100mm，其上绑扎纵向扫地杆。

（9）立杆搭接至建筑物顶部时，里排立杆应低于檐口0.1～0.5m；外排立杆应高出平屋顶1.0～1.2m，高出坡屋顶1.5m。

（10）立杆的接头应符合下列规定：

1）相邻两立杆的搭接接头应错开一步架。

2）接头的搭接长度应跨相邻两根纵向水平杆，且不得小于1.5m。

3）接头范围内必须绑扎三道钢丝，绑扎钢丝的间距应为0.60～0.75m。

4）立杆接长应大头朝下、小头朝上，同一根立杆上的相邻接头，大头应左右错开，并应保持垂直。

5）最顶部的立杆，必须将大头朝上，多余部分应往下放。立杆的顶部高度应一致。

（11）纵向水平杆应绑在立杆里侧。绑扎第一步纵向水平杆时，立杆必须垂直。

（12）纵向水平杆的接头应符合下列规定：

1）接头应置于立杆处，并使小头压在大头上，大头伸出立杆的长度应为0.2～0.3m。

2）同一步架的纵向水平杆大头朝向应一致，上下相邻两步架的纵向水平杆大头朝向应相反。但同一步架的纵向水平杆在架体端部时大头应朝外。

3）搭接的长度不得小于1.5m，且在搭接范围内绑扎钢丝不应少于三道，其间距应为0.60～0.75m。

4）同一步架的里外两排纵向水平杆不得有接头；相邻两纵向水平杆接头应错开一跨。

（13）横向水平杆的搭设应符合下列规定：

1）单排架横向水平杆的大头应朝里，双排架应朝外。

2）沿竖向靠立杆的上下两相邻横向水平杆应分别搁置在立杆的不同侧面。

（14）立杆与纵向水平杆相交处，应绑十字扣（平插或斜插）；立杆与纵向水平杆各自的接头以及斜撑、剪刀撑、横向水平杆与其他杆件的交接点应绑顺扣；备绑扎扣在压紧后，应拧紧1.5～2圈。

（15）架体向内倾斜度不应超过1%，并不得大于150mm，严禁向外倾斜。

（16）脚手板铺设应符合下列规定：

1）作业层脚手板应满铺，并应牢固稳定，不得有空隙；严禁铺设探头板。

2）对头铺设的脚手板，其接头下面应设两根横向水平杆，板端悬空部分应为100～150mm，并应绑扎牢固。

3）搭接铺设的脚手板，其接头必须在横向水平杆上，搭接长度应为200～300mm，板端挑出横向水平杆的长度应为100～150mm。

4）脚手板两端必须与横向水平杆绑牢。

5）往上步架翻脚手板时，应从里往外翻。

6）竹片并列脚手板不宜用于有水平运输的脚手架；薄钢脚手板不宜用于冬季或多雨潮湿地区。

（17）脚手架搭设至两步及以上时，必须在作业层设置1.2m高的防护栏杆，防护栏杆应由两道纵向水平杆组成，下杆距离操作面应为0.7m，底部应设置高度不低于180mm的挡脚板，脚手架外侧应采用密目式安全立网全封闭。

（18）搭设临街或其下有人行通道的脚手架时，必须采取专门的封闭和可靠的防护措施。

（19）当单、双排脚手架底层设置门洞时，宜采用上升斜杆、平行弦杆桁架结构形式（图4-43），斜杆与地面倾角应在45°～60°之间。单排脚手架门洞处应在平面桁架的每个节间设置一根斜腹杆；双排脚手架门洞处的空间桁架除下弦平面处，应在其余5个平面内的图示节间设置一根斜腹杆，斜杆的小头直径不得小于 90mm，上端应向上连接交搭 2~3 步纵向水平杆，并应绑扎牢固。斜杆下端埋入地下不得小于 0.3m。门洞桁架下的两侧立杆应为双杆，副立杆高度应高于门洞口 1~2 步。

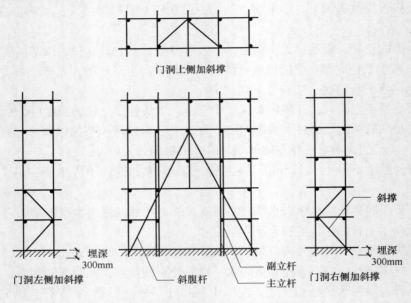

图 4-43　门洞口脚手架的搭设

（20）遇窗洞时，单排脚手架靠墙面处应增设一根纵向水平杆，并吊绑于相邻两侧的横向水平杆上。当窗洞宽大于 1.5m 时，应于室内另加设立杆和纵向水平杆来搁置横向水平杆。

二、满堂脚手架的构造与搭设

（1）满堂脚手架的构造参数应按表 4-7 的规定选用。

表 4-7　满堂脚手架的构造参数

用途	控制荷载	立杆纵横间距/m	纵向水平杆竖向步距/m	横向水平杆设置	作业层横向水平杆间距/m	脚手板铺设
装修架	2kN/m²	≤1.2	1.8	每步一道	0.60	满铺、铺稳、铺牢，脚手板下设置大网眼安全网
结构架	3kN/m²	≤1.5	1.4	每步一道	0.75	

（2）满堂脚手架的搭设应符合下列规定：

1）四周外排立杆必须设剪刀撑，中间每隔三排立杆必须沿纵横方向设通长剪刀撑；

2）剪刀撑均必须从底到顶连续设置；

3）封顶立杆大头应朝上，并用双股绑扎；

4）脚手板铺好后立杆不应露杆头，且作业层四角的脚手板应采用 8 号镀锌或回火钢丝与纵、横向水平杆绑扎牢固；

5）上料口及周圈应设置安全护栏和立网；

6）搭设时应从底到顶，不得分层。

（3）当架体高于5m时，在四角及中间每隔15m处，于剪刀撑斜杆的每一端部位置，均应加设与竖向剪刀撑同宽的水平剪刀撑。

（4）当立杆无法埋地时，搭设前，立杆底部的地基土应夯实。在立杆底应加设垫木。当架高5m及以下时，垫木的尺寸不得小于200mm×100mm×800mm（宽×厚×长）；当架高大于5m时，应垫通长垫木，其尺寸不得小于200mm×100mm（宽×厚）。

（5）当土的允许承载力低于80kPa或搭设高度超过15m时，其垫木应另行设计。

三、烟囱、水塔脚手架的构造与搭设

1. 实际案例展示

2. 施工要点

（1）烟囱脚手架可采用正方形、六角形；水塔脚手架应采用六角形或八角形（图4-44）。严禁采用单排架。

（2）立杆的横向间距不得大于1.2m，纵向间距不得大于1.4m。

（3）纵向水平杆步距不得大于1.2m，并应布置成防扭转的形式；横向水平杆距烟囱或水塔壁应为50～100mm。

（4）作业层应设两道防护栏杆和挡脚板，作业层脚手板的下方应设一道大网眼安全平网，架体外侧应采用密目式安全立网封闭。

（5）架体外侧必须从底到顶连续设置剪刀撑，剪刀撑斜杆应落地，除混凝土等地面外，均应埋入地下0.3m。

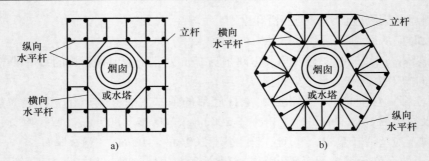

图 4-44　烟囱、水塔脚手架的平面形式

a）正方形架子　b）六角形架子

（6）脚手架应每隔二步三跨设置一道连墙件，连墙件应能承受拉力和压力，可在烟囱或水塔施工时预埋连墙件的连接件，然后安装连墙件。

（7）烟囱架的搭设应符合下列规定：

1）横向水平杆应设置在立杆与纵向水平杆交叉处，两端均必须与纵向水平杆绑扎牢固。

2）当搭设到四步架高时，必须在周围设置剪刀撑，并随搭随连续设置。

3）脚手架各转角处应设置抛撑。

4）其他要求应按外脚手架的规定执行。

（8）水塔架的搭设应符合下列规定：

1）根据水箱直径大小，沿周圈平面宜布置成多排立杆（图 4-45）。

2）在水箱外围应将多排架改为双排架，里排立杆距水箱壁不得大于 0.4m。

3）水塔架外侧，每边均应设置剪刀撑，并应从底到顶连续设置。各转角处应另增设抛撑。

4）其他要求应按外脚手架及烟囱架的搭设规定执行。

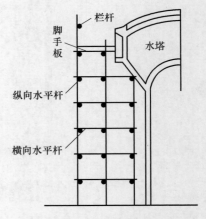

图 4-45　水塔脚手架的搭设形式

四、斜道的构造与搭设

（1）当架体高度在三步及以下时，斜道应采用一字形；当架体高度在三步以上时，应采用之字形。

（2）之字形斜道应在拐弯处设置平台。当只作人行时，平台面积不应小于 $3m^2$，宽度不应小于 1.5m；当用作运料时，平台面积不应小于 $6m^2$，宽度不应小于 2m。

（3）人行斜道坡度宜为 1:3；运料斜道坡度宜为 1:6。

（4）立杆的间距应根据实际荷载情况计算确定，纵向水平杆的步距不得大于 1.4m。

（5）斜道两侧、平台外围和端部均应设剪刀撑，并应沿斜道纵向每隔 6 ~ 7 根立杆设一道抛撑，并不得少于两道。

（6）当架体高度大于 7m 时，对于附荷在脚手架外排立杆上的斜道（利用脚手架外排立杆作为斜道里排立杆），应加密连墙件的设置。对独立搭设的斜道，应在每一步两跨设置一道连墙件。

（7）横向水平杆设置于斜杆上时，间距不得大于 1m；在拐弯平台处，不应大于 0.75m。杆的两端均应绑扎牢固。

（8）斜道两侧及拐弯平台外围，应设总高 1.2m 的两道防护栏杆及不低于 180mm 高的挡脚板，外侧应挂设密目式安全立网。

（9）斜道脚手板应随架高从下到上连续铺设，采用搭接铺设时，搭接长度不得小于 400mm，并应在接头下面设两根横向水平杆，板端接头处的凸棱，应采用三角木填顺；脚手板应满铺，并平整牢固。

（10）人行斜道的脚手板上应设高 20~30mm 的防滑条，间距不得大于 300mm。

五、脚手架的拆除

（1）进行脚手架拆除作业时，应统一指挥，信号明确，上下呼应，动作协调；当解开与另一人有关的结扣时，应先通知对方，严防坠落。

（2）在高处进行拆除作业的人员必须佩带安全带，其挂钩必须挂于牢固的构件上，并应站立于稳固的杆件上。

（3）拆除顺序应由上而下、先绑后拆、后绑先拆。应先拆除栏杆、脚手板、剪刀撑、斜撑，后拆除横向水平杆、纵向水平杆、立杆等，一步一清，依次进行。严禁上下同时进行拆除作业。

（4）拆除立杆时，应先抱住立杆再拆除最后两个扣；当拆除纵向水平杆、剪刀撑、斜撑时，应先拆除中间扣，然后托住中间，再拆除两头扣。

（5）大片架体拆除后所预留的斜道、上料平台和作业通道等，应在拆除前采取加固措施，确保拆除后的完整、安全和稳定。

（6）脚手架拆除时，严禁碰撞附近的各类电线。

（7）拆下的材料，应采用绳索拴住木杆大头利用滑轮缓慢下运，严禁抛掷。运至地面的材料应按指定地点，随拆随运，分类堆放。

（8）在拆除过程中，不得中途换人；当需换人作业时，应将拆除情况交代清楚后方可离开。中途停拆时，应将已拆部分的易塌、易掉杆件进行临时加固处理。

（9）连墙件的拆除应随拆除进度同步进行，严禁提前拆除，并在拆除最下一道连墙件前应先加设一道抛撑。

第五章 模板安装

第一节 模板安装构造

一、一般规定

1. 实际案例展示

2. 施工要点

（1）模板安装前必须做好下列安全技术准备工作：

1）应审查模板结构设计与施工说明书中的荷载、计算方法、节点构造和安全措施，设计审批手续应齐全。

2）应进行全面的安全技术交底，操作班组应熟悉设计与施工说明书，并应做好模板安装作业的分工准备。采用爬模、飞模、隧道模等特殊模板施工时，所有参加作业人员必须经过专门技术培训，考核合格后方可上岗。

3）应对模板和配件进行挑选、检测，不合格者应剔除，并应运至工地指定地点堆放。

4）备齐操作所需的一切安全防护设施和器具。

（2）模板安装构造应遵守下列规定：

1）模板安装应按设计与施工说明书顺序拼装。木杆、钢管、门架及碗扣式等支架立柱不得混用。

2）竖向模板和支架立柱支承部分安装在基土上时，应加设垫板，垫板应有足够强度和支承面积，且应中心承载。基土应坚实，并应有排水措施。对湿陷性黄土应有防水措施；对特别重要的结构工程可采用混凝土、打桩等措施防止支架柱下沉。对冻胀性土应有防冻融措施。

3）当满堂或共享空间模板支架立柱高度超过8m时，若地基土达不到承载要求，无法防止立柱下沉，则应先施工地面下的工程，再分层回填夯实基土，浇筑地面混凝土垫层，达到强度后方可支模。

4）模板及其支架在安装过程中，必须设置有效防倾覆的临时固定设施。

5）现浇钢筋混凝土梁、板，当跨度大于4m时，模板应起拱；当设计无具体要求时，起拱高度宜为全跨长度的1/1000～3/1000。

6）现浇多层或高层房屋和构筑物，安装上层模板及其支架应符合下列规定：

① 下层楼板应具有承受上层施工荷载的承载能力，否则应加设支撑支架。

② 上层支架立柱应对准下层支架立柱，并应在立柱底铺设垫板。

③ 当采用悬臂吊模板、桁架支模方法时，其支撑结构的承载能力和刚度必须符合设计构造要求。

7）当层间高度大于5m时，应选用桁架支模或钢管立柱支模。当层间高度小于或等于5m时，可采用木立柱支模。

（3）安装模板应保证工程结构和构件各部分形状、尺寸和相互位置的正确，构造应符合模板设计要求。

模板应具有足够的承载能力、刚度和稳定性，应能可靠承受新浇混凝土自重和侧压力以及施工过程中所产生的荷载。

（4）拼装高度为2m以上的竖向模板，不得站在下层模板上拼装上层模板。安装过程中应设置临时固定设施。

（5）当承重焊接钢筋骨架和模板一起安装时，应符合下列规定：

1）梁的侧模、底模必须固定在承重焊接钢筋骨架的节点上。

2）安装钢筋模板组合体时，吊索应按模板设计的吊点位置绑扎。

（6）当支架立柱成一定角度倾斜，或其支架立柱的顶表面倾斜时，应采取可靠措施确保支点稳定，支撑底脚必须有防滑移的可靠措施。

（7）除设计图另有规定者外，所有垂直支架柱应保证其垂直。

（8）对梁和板安装二次支撑前，其上不得有施工荷载，支撑的位置必须正确。安装后所传给支撑或连接件的荷载不应超过其允许值。

（9）支撑梁、板的支架立柱安装构造应符合下列规定：

1）梁和板的立柱，纵横向间距应相等或成倍数。

2）木立柱底部应设垫木，顶部应设支撑头。钢管立柱底部应设垫木和底座，顶部应设可调支托，U形支托与楞梁两侧间如有间隙，必须楔紧，其螺杆伸出钢管顶部不得大于200mm，螺杆外径与立柱钢管内径的间隙不得大于3mm，安装时应保证上下同心。

3）在立柱底距地面200mm高处，沿纵横水平方向应按纵下横上的程序设扫地杆。可调支托底部的立柱顶端应沿纵横向设置一道水平拉杆。扫地杆与顶部水平拉杆之间的间距，在满足模板设计所确定的水平拉杆步距要求条件下，进行平均分配确定步距后，在每一步距处纵横向应各设一道水平拉杆。当层高在8~20m时，在最顶步距两水平拉杆中间应加设一道水平拉杆；当层高大于20m时，在最顶两步距水平拉杆中间应分别增加一道水平拉杆。所有水平拉杆的端部均应与四周建筑物顶紧顶牢。无处可顶时，应于水平拉杆端部和中部沿竖向设置连续式剪刀撑。

4）木立柱的扫地杆、水平拉杆、剪刀撑应采用40mm×50mm木条或25mm×80mm的木板条与木立柱钉牢。钢管立柱的扫地杆、水平拉杆、剪刀撑应采用Φ48mm×3.5mm钢管，用扣件与钢管立柱扣牢。木扫地杆、水平拉杆、剪刀撑应采用搭接，并应用铁钉钉牢。钢管扫地杆、水平拉杆应采用对接，剪刀撑应采用搭接，搭接长度不得小于500mm，用两个旋转扣件分别在离杆端不小于100mm处进行固定。

（10）施工时，在已安装好的模板上的实际荷载不得超过设计值。已承受荷载的支架和附件，不得随意拆除或移动。

（11）组合钢模板、滑升模板等的安装构造，尚应符合国家现行标准《组合钢模板技术规范》（GB/T 50214—2013）和《滑动模板工程技术规范》（GB 50113—2005）的相应规定。

（12）安装模板时，安装所需各种配件应置于工具箱或工具袋内，严禁散放在模板或脚手板上；安装所用工具应系挂在作业人员身上或置于所佩戴的工具袋中，不得掉落。

（13）当模板安装高度超过3.0m时，必须搭设脚手架，除操作人员外，脚手架下不得站其他人。

（14）吊运模板时，必须符合下列规定：

1）作业前应检查绳索、卡具、模板上的吊环，必须完整有效，在升降过程中应设专人指挥，统一信号，密切配合。

2）吊运大块或整体模板时，竖向吊运不应少于两个吊点，水平吊运不应少于四个吊点。吊运必须使用卡环连接，并应稳起稳落，待模板就位连接牢固后，方可摘除卡环。

3）吊运散装模板时，必须码放整齐，待捆绑牢固后方可起吊。

4）严禁起重机在架空输电线路下面工作。

5）5级风及其以上应停止一切吊运作业。

（15）木料应堆放于下风向，离火源不得小于30m，且料场四周应设置灭火器材。

二、支架立柱安装构造

1. 实际案例展示

2. 施工要点

（1）梁式或桁架式支架的安装构造应符合下列规定：

1）采用伸缩式桁架时，其搭接长度不得小于500mm，上下弦连接销钉规格、数量应按设计规定，并应采用不少于两个U形卡或钢销钉销紧，两U形卡距或销距不得小于400mm。

2）安装的梁式或桁架式支架的间距设置应与模板设计图一致。

3）支承梁式或桁架式支架的建筑结构应具有足够强度，否则，应另设立柱支撑。

4）若桁架采用多榀成组排放，在下弦折角处必须加设水平撑。

（2）工具式立柱支撑的安装构造应符合下列规定：

1）工具式钢管单立柱支撑的间距应符合支撑设计的规定。

2）立柱不得接长使用。

3）所有夹具、螺栓、销子和其他配件应处在闭合或拧紧的位置。

（3）木立柱支撑的安装构造应符合下列规定：

1）木立柱宜选用整料，当不能满足要求时，立柱的接头不宜超过1个，并应采用对接夹板接头方式。立柱底部可采用垫块垫高，但不得采用单码砖垫高，垫高高度不得超过300mm。

2）木立柱底部与垫木之间应设置硬木对角楔调整标高，并应用铁钉将其固定于垫木上。

3）木立柱间距、扫地杆、水平拉杆剪刀撑的设置应符合规范的规定，严禁使用板皮替代规定的拉杆。

4）所有单立柱支撑应位于底垫木和梁底模板的中心，并应与底部垫木和顶部梁底模板紧密接触，且不得承受偏心荷载。

5）当仅为单排立柱时，应于单排立柱的两边每隔3m加设斜支撑，且每边不得少于两根，斜支撑与地面的夹角应为60°。

（4）当采用扣件式钢管作立柱支撑时，其安装构造应符合下列规定：

1）钢管规格、间距、扣件应符合设计要求。每根立柱底部应设置底座及垫板，垫板厚度不得小于50mm。

2）钢管支架立柱间距、扫地杆、水平拉杆、剪刀撑的设置应符合规范的规定。当立柱底部不在同一高度时，高处的纵向扫地杆应向低处延长不少于两跨，高低差不得大于1m，立柱距边坡上方边缘不得小于0.5m。

3）立柱接长严禁搭接，必须采用对接扣件连接，相邻两立柱的对接接头不得在同步内，且对接接头沿竖向错开的距离不宜小于500mm，各接头中心距主节点不宜大于步距的1/3。

4）严禁将上段的钢管立柱与下段钢管立柱错开固定于水平拉杆上。

5）满堂模板和共享空间模板支架立柱，在外侧周圈应设由下至上的竖向连续式剪刀撑；中间在纵横向应每隔10m左右设由下至上的竖向连续式的剪刀撑，其宽度宜为4~6m，并在剪刀撑部位的顶部、扫地杆处设置水平剪刀撑（图5-1）。剪刀撑杆件的底端应与地面顶紧，夹角宜为45°~60°。当建筑层高在8~20m时，除应满足上述规定外，还应在纵横向相邻的两竖向连续式剪刀撑之间增加之字斜撑，在有水平剪刀撑的部位，应在每个剪刀撑中间处增加一道水平剪刀撑（图5-2）。当建筑层高超过20m时，在满足以上规定的基础上，应将所有之字斜撑全部改为连续式剪刀撑（图5-3）。

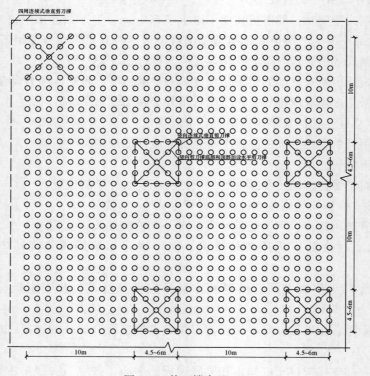

图 5-1　剪刀撑布置一

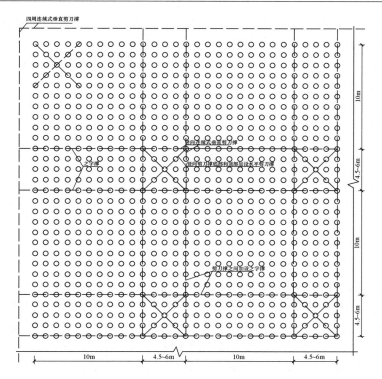

图 5-2　剪刀撑布置二

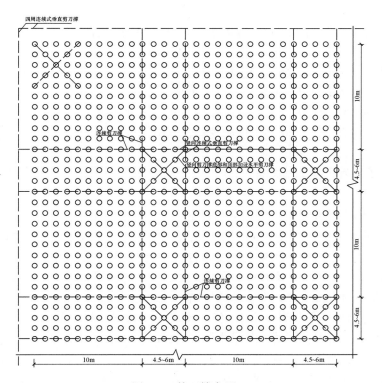

图 5-3　剪刀撑布置三

6）当支架立柱高度超过5m时，应在立柱周圈外侧和中间有结构柱的部位，按水平间距6~9m，竖向间距2~3m与建筑结构设置一个固结点。

7）当仅为单排立柱时，应按《建筑施工模板安全技术规范》（JGJ 162—2008）第6.2.3条的规定执行。

（5）当采用碗扣式钢管脚手架作立柱支撑时，其安装构造应符合下列规定：

1）立杆应采用长1.8m和3.0m的立杆错开布置，严禁将接头布置在同一水平高度。

2）立杆底座应采用大钉固定于垫木上。

3）立杆立一层，即将斜撑对称安装牢固，不得漏加，也不得随意拆除。

4）横向水平杆应双向设置，间距不得超过1.8m。

5）当支架立柱高度超过5m时，应按《建筑施工模板安全技术规范》（JGJ 162—2008）第6.2.4条的规定执行。

（6）当采用标准门架作支撑时，其安装构造应符合下列规定：

1）门架的跨距和间距应按设计规定布置，间距宜小于1.2m；支撑架底部垫木上应设固定底座或可调底座。门架、调节架及可调底座，其高度应按其支撑的高度确定。

2）门架支撑可沿梁轴线垂直和平行布置。当垂直布置时，在两门架间的两侧应设置交叉支撑；当平行布置时，在两门架间的两侧亦应设置交叉支撑，交叉支撑应与立杆上的锁销锁牢，上下门架的组装连接必须设置连接棒及锁臂。

3）当门架支撑宽度为4跨及以上或5个间距及以上时，应在周边底层、顶层、中间每5列、5排于每门架立杆根部设 $\Phi48mm \times 3.5mm$ 通长水平加固杆，并应采用扣件与门架立杆扣牢。

4）门架支撑高度超过8m时，剪刀撑不应大于4个间距，并应采用扣件与门架立杆扣牢。

5）顶部操作层应采用挂扣式脚手板满铺。

（7）悬挑结构立柱支撑的安装应符合下列要求：

1）多层悬挑结构模板的上下立柱应保持在同一条垂直线上。

2）多层悬挑结构模板的立柱应连续支撑，并不得少于3层。

三、普通模板安装构造

（1）基础及地下工程模板应符合下列规定：

1）地面以下支模应先检查土壁的稳定情况，当有裂纹及塌方危险迹象时，应采取安全防范措施后，方可下人作业。当深度超过2m时，操作人员应设梯上下。

2）距基槽（坑）上口边缘1m内不得堆放模板。向基槽（坑）内运料应使用起重机、溜槽或绳索；运下的模板严禁立放于基槽（坑）土壁上。

3）斜支撑与侧模的夹角不应小于45°，支于土壁的斜支撑应加设垫板，底部的对角楔木应与斜支撑连牢。高大长脖基础若采用分层支模时，其下层模板应经就位校正并支撑稳固后，方可进行上一层模板的安装。

4）在有斜支撑的位置，应于两侧模间采用水平撑连成整体。

（2）柱模板应符合下列规定：

1）现场拼装柱模时，应适时地按设临时支撑进行固定，斜撑与地面的倾角宜为60°，严禁将大片模板系于柱子钢筋上。

2）待四片柱模就位组拼经对角线校正无误后，应立即自下而上安装柱箍。

3）若为整体预组合柱模，吊装时应采用卡环和柱模连接，不得用钢筋钩代替。

4）柱模校正（用四根斜支撑或用连接在柱模顶四角带花篮螺钉的揽风绳，底端与楼板钢筋拉环固定进行校正）后，应采用斜撑或水平撑进行四周支撑，以确保整体稳定。当高度超过4m时，应群体或成列同时支模，并应将支撑连成一体，形成整体框架体系。当需单根支模时，柱宽大于500mm应每边在同一标高上设不得少于两根斜撑或水平撑。斜撑与地面的夹角宜为45°~60°，下端尚应有防滑移的措施。

5）角柱模板的支撑，除满足上款要求外，还应在里侧设置能承受拉、压力的斜撑。

（3）墙模板应符合下列规定：

1）当用散拼定型模板支模时，应自下而上进行，必须在下一层模板全部紧固后，方可进行上一层安装。当下层不能独立安设支撑件时，应采取临时固定措施。

2）当采用预拼装的大块墙模板进行支模安装时，严禁同时起吊两块模板，并应边就位、边校正、边连接，固定后方可摘钩。

3）安装电梯井内墙模前，必须于板底下200mm处牢固地满铺一层脚手板。

4）模板未安装对拉螺栓前，板面应向后倾一定角度。安装过程应随时拆换支撑或增加支撑。

5）当钢楞长度需接长时，接头处应增加相同数量和不小于原规格的钢楞，其搭接长度不得小于墙模板宽或高的15%~20%。

6）拼接时的U形卡应正反交替安装，间距不得大于300mm；两块模板对接接缝处的U形卡应满装。

7）对拉螺栓与墙模板应垂直，松紧应一致，墙厚尺寸应正确。

8）墙模板内外支撑必须坚固、可靠，应确保模板的整体稳定。当墙模板外面无法设置支撑时，应于里面设置能承受拉和压的支撑。多排并列且间距不大的墙模板，当其支撑互成一体时，应有防止灌筑混凝土时引起临近模板变形的措施。

（4）独立梁和整体楼盖梁结构模板应符合下列规定：

1）安装独立梁模板时应设安全操作平台，并严禁操作人员站在独立梁底模或柱模支架上操作及上下通行。

2）底模与横楞应拉结好，横楞与支架、立柱应连接牢固。

3）安装梁侧模时，应边安装边与底模连接，当侧模高度多于两块时，应采取临时固定措施。

4）起拱应在侧模内外楞连固前进行。

5）单片预组合梁模，钢楞与板面的拉结应按设计规定制作，并应按设计吊点试吊无误后方可正式吊运安装，侧模与支架支撑稳定后方准摘钩。

（5）楼板或平台板模板应符合下列规定：

1）当预组合模板采用桁架支模时，桁架与支点的连接应固定牢靠，桁架支承应采用平直通长的型钢或木方。

2）当预组合模板块较大时，应加钢楞后方可吊运。当组合模板为错缝拼配时，板下横楞应均匀布置，并应在模板端穿插销。

　　3）单块模就位安装，必须待支架搭设稳固、板下横楞与支架连接牢固后进行。

　　4）U形卡应按设计规定安装。

　　（6）其他结构模板应符合下列规定：

　　1）安装圈梁、阳台、雨篷及挑檐等模板时，其支撑应独立设置，不得支搭在施工脚手架上。

　　2）安装悬挑结构模板时，应搭设脚手架或悬挑工作台，并应设置防护栏杆和安全网。作业处的下方不得有人通行或停留。

　　3）烟囱、水塔及其他高大构筑物的模板，应编制专项施工设计和安全技术措施，并应详细地向操作人员进行交底后方可安装。

　　4）在危险部位进行作业时，操作人员应系好安全带。

四、爬升模板安装构造

　　（1）进入施工现场的爬升模板系统中的大模板、爬升支架、爬升设备、脚手架及附件等，应按施工组织设计及有关图样验收，合格后方可使用。

　　（2）爬升模板安装时，应统一指挥，设置警戒区与通信设施，做好原始记录，并应遵守下列规定：

　　1）检查工程结构上预埋螺栓孔的直径和位置应符合图样要求。

　　2）爬升模板的安装顺序应为底座、立柱、爬升设备、大模板、模板外侧吊脚手。

　　（3）施工过程中爬升大模板及支架时，应遵守下列规定：

　　1）爬升前，应检查爬升设备的位置、牢固程度、吊钩及连接杆件等，确认无误后，拆除相邻大模板及脚手架间的连接杆件，使各个爬升模板单元彻底分开。

　　2）爬升时，应先收紧千斤钢丝绳，吊住大模板或支架，然后拆卸穿墙螺栓，并检查再无任何连接，卡环和安全钩无问题，调整好大模板或支架的重心，保持垂直，开始爬升。爬升时，作业人员应站在固定件上，不得站在爬升件上爬升，爬升过程中应防止晃动与扭转。

　　3）每个单元的爬升不宜中途交接班，不得隔夜再继续爬升。每单元爬升完毕应及时固定。

　　4）大模板爬升时，新浇混凝土的强度不应低于 $1.2N/mm^2$。支架爬升时的附墙架穿墙螺栓受力处的新浇混凝土强度应达到 $10N/mm^2$ 以上。

　　5）爬升设备每次使用前均应检查，液压设备应由专人操作。

　　（4）作业人员应背工具袋，以便存放工具和拆下的零件，防止物件跌落。且严禁高空向下抛物。

　　（5）每次爬升组合安装好的爬升模板、金属件应涂刷防锈漆，板面应涂刷脱模剂。

　　（6）爬模的外附脚手架或悬挂脚手架应满铺脚手板，脚手架外侧应设防护栏杆和安全网。爬架底部亦应满铺脚手板和设置安全网。

　　（7）每步脚手架间应设置爬梯，作业人员应由爬梯上下，进入爬架应在爬架内上下，严禁攀爬模板、脚手架和爬架外侧。

　　（8）脚手架上不应堆放材料，脚手架上的垃圾应及时清除。如需临时堆放少量材料或机具，必须及时取走，且不得超过设计荷载的规定。所有螺栓孔均应安装螺栓，螺栓应采用 50~60N·m 的扭矩紧固。

第二节　模 板 拆 除

一、模板拆除要求

（1）模板的拆除措施应经技术主管部门或负责人批准，拆除模板的时间

可按现行国家标准《混凝土结构工程施工质量验收规范》（GB 50204—2002）的有关规定执行。冬期施工的拆模，应遵守专门规定。

（2）当混凝土未达到规定强度或已达到设计规定强度时，如需提前拆模或承受部分超设计荷载时，必须经过计算和技术主管确认其强度能足够承受此荷载后，方可拆除。

（3）在承重焊接钢筋骨架作配筋的结构中，承受混凝土重量的模板，应在混凝土达到设计强度的 25% 后方可拆除承重模板。如在已拆除模板的结构上加置荷载时，应另行核算。

（4）大体积混凝土的拆模时间除应满足混凝土强度要求外，还应使混凝土内外温差降低到 25° 以下时方可拆模。否则应采取有效措施防止产生温度裂缝。

（5）后张预应力混凝土结构的侧模宜在施加预应力前拆除，底模应在施加预应力后拆除。设计有规定时，应按规定执行。

（6）拆模前应检查所使用的工具应有效和可靠，扳手等工具必须装入工具袋或系挂在身上，并应检查拆模场所范围内的安全措施。

（7）模板的拆除工作应设专人指挥。作业区应设围栏，其内不得有其他工种作业，并应设专人负责监护。拆下的模板、零配件严禁抛掷。

（8）拆模的顺序和方法应按模板的设计规定进行。当设计无规定时，可采取先支的后拆、后支的先拆、先拆非承重模板、后拆承重模板，并应从上而下进行拆除。拆下的模板不得抛扔，应按指定地点堆放。

（9）多人同时操作时，应明确分工、统一信号或行动，应具有足够的操作面，人员应站于安全处。

（10）高处拆除模板时，应遵守有关高处作业的规定。严禁使用大锤和撬棍，操作层上临时拆下的模板堆放不能超过 3 层。

（11）在提前拆除互相搭连并涉及其他后拆模板的支撑时，应补设临时支撑。拆模时，应逐块拆卸，不得成片撬落或拉倒。

（12）拆模如遇中途停歇，应将已拆松动、悬空、浮吊的模板或支架进行临时支撑牢固或相互连接稳固。对活动部件必须一次拆除。

（13）已拆除了模板的结构，应在混凝土强度达到设计强度值后方可承受全部设计荷载。若在未达到设计强度以前，需在结构上加置施工荷载时，应另行核算，强度不足时，应加设临时支撑。

（14）遇 6 级或 6 级以上大风时，应暂停室外的高处作业。雨、雪、霜后应先清扫施工

现场，方可进行工作。

（15）拆除有洞口模板时，应采取防止操作人员坠落的措施。洞口模板拆除后，应按现行行业标准《建筑施工高处作业安全技术规范》（JGJ80—1991）的有关规定及时进行防护。

二、支架立柱拆除

（1）当拆除钢楞、木楞、钢桁架时，应在其下面临时搭设防护支架，使所拆楞梁及桁架先落于临时防护支架上。

（2）当立柱的水平拉杆超出2层时，应首先拆除2层以上的拉杆。当拆除最后一道水平拉杆时，应和拆除立柱同时进行。

（3）当拆除4~8m跨度的梁下立柱时，应先从跨中开始，对称地分别向两端拆除。拆除时，严禁采用连梁底板向旁侧一片拉倒的拆除方法。

（4）对于多层楼板模板的立柱，当上层及以上楼板正在浇筑混凝土时，下层楼板立柱的拆除，应根据下层楼板结构混凝土强度的实际情况，经过计算确定。

（5）拆除平台、楼板下的立柱时，作业人员应站在安全处拉拆。

（6）对已拆下的钢楞、木楞、桁架、立柱及其他零配件应及时运到指定地点。对有芯钢管立柱运出前应先将芯管抽出或用销卡固定。

三、普通模板拆除

（1）拆除条形基础、杯形基础、独立基础或设备基础的模板时，应遵守下列规定：

1）拆除前应先检查基槽（坑）土壁的安全状况，发现有松软、龟裂等不安全因素时，应在采取安全防范措施后，方可进行作业。

2）模板和支撑杆件等应随拆随运，不得在离槽（坑）上口边缘1m以内堆放。

3）拆除模板时，施工人员必须站在安全地方。应先拆内外木楞、再拆木面板；钢模板应先拆钩头螺栓和内外钢楞，后拆U形卡和L形插销，拆下的钢模板应妥善传递或用绳钩放置地面，不得抛掷。拆下的小型零配件应装入工具袋内或小型箱笼内，不得随处乱扔。

（2）拆除柱模应遵守下列规定：

1）柱模拆除应分别采用分散拆和分片拆两种方法。其分散拆除的顺序应为：

拆除拉杆或斜撑、自上而下拆除柱箍或横楞、拆除竖楞，自上而下拆除配件及模板、运走分类堆放、清理、拔钉、钢模维修、刷防锈油或脱模剂、入库备用。

分片拆除的顺序应为：

拆除全部支撑系统、自上而下拆除柱箍及横楞、拆掉柱角U形卡、分二片或四片拆除模板、原地清理、刷防锈油或脱模剂、分片运至新支模地点备用。

2）柱子拆下的模板及配件不得向地面抛掷。

（3）拆除墙模应遵守下列规定：

1）墙模分散拆除顺序应为：

拆除斜撑或斜拉杆、自上而下拆除外楞及对拉螺栓、分层自上而下拆除木楞或钢楞及零配件和模板、运走分类堆放、拔钉清理或清理检修后刷防锈油或脱模剂、入库备用。

2）预组拼大块墙模拆除顺序应为：

拆除全部支撑系统、拆卸大块墙模接缝处的连接型钢及零配件、拧去固定埋设件的螺栓及大部分对拉螺栓、挂上吊装绳扣并略拉紧吊绳后，拧下剩余对拉螺栓，用方木均匀敲击大块墙模立楞及钢模板，使其脱离墙体用撬棍轻轻外撬大块墙模板使全部脱离，指挥起吊、运走、清理、刷防锈油或脱模剂备用。

3）拆除每一大块墙模的最后两个对拉螺栓后，作业人员应撤离大模板下侧，以后的操作均应在上部进行。个别大块模板拆除后产生局部变形者应及时整修好。

4）大块模板起吊时，速度要慢，应保持垂直，严禁模板碰撞墙体。

（4）拆除梁、板模板应遵守下列规定：

1）梁、板模板应先拆梁侧模，再拆板底模，最后拆梁底模，并应分段分片进行，严禁成片撬落或成片拉拆。

2）拆除时，作业人员应站在安全的地方进行操作，严禁站在已拆或松动的模板上进行拆除作业。

3）拆除模板时，严禁用铁棍或铁锤乱砸，已拆下的模板应妥善传递或用绳钩放至地面。

4）严禁作业人员站在悬臂结构边缘敲拆下面的底模。

5）待分片、分段的模板全部拆除后，方允许将模板、支架、零配件等按指定地点运出堆放，并进行拔钉、清理、整修、刷防锈油或脱模剂，入库备用。

四、特殊模板拆除

（1）对于拱、薄壳、圆穹屋顶和跨度大于 8m 的梁式结构，应按设计规定的程序和方式从中心沿环圈对称向外或从跨中对称向两边均匀放松模板支架立柱。

（2）拆除圆形屋顶、筒仓下漏斗模板时，应从结构中心处的支架立柱开始，按同心圆层次对称地拆向结构的周边。

（3）拆除带有拉杆拱的模板时，应在拆除前先将拉杆拉紧。

五、爬升模板拆除

（1）拆除爬模应有拆除方案，且应由技术负责人签署意见，拆除前应向有关人员进行安全技术交底后，方可实施。

（2）拆除时应先清除脚手架上的垃圾杂物，并应设置警戒区由专人监护。

（3）拆除时应设专人指挥，严禁交叉作业。拆除顺序应为：悬挂脚手架和模板、爬升设备、爬升支架。

（4）已拆除的物件应及时清理、整修和保养，并运至指定地点备用。

（5）遇五级以上大风应停止拆除作业。

六、飞模拆除

（1）梁、板混凝土强度等级不得小于设计强度的75%时，方准脱模。

（2）飞模的拆除顺序、行走路线和运到下一个支模地点的位置，均应按照台模设计的有关规定进行。

（3）拆除时应先用千斤顶顶住下部水平连接管，再拆去木楔或砖墩（或拔出钢套管连接螺栓，提起钢套管）。推入可任意转向的四轮台车，松千斤顶使飞模落于台车上，随后推运至主楼板外侧搭设的平台上，用塔式起重机吊至上层重复使用。若不需重复使用时，应按普通模板的方法拆除。

（4）飞模拆除必须有专人统一指挥，飞模尾部应绑安全绳，安全绳的另一端应套在坚固的建筑结构上，且在推运时应徐徐放松。

（5）飞模推出后，楼层外边缘应立即绑好护身栏。

第六章 施 工 用 电

第一节 外电线路及电气设备防护

一、外电线路防护

1. 实际案例展示

2. 施工要点

（1）在建工程不得在外电架空线路正下方施工、搭设作业棚、建造生活设施或堆放构件、架具、材料及其他杂物等。

（2）在建工程（含脚手架）的周边与外电架空线路的边线之间的最小安全操作距离应符合表6-1规定。

表 6-1　在建工程（含脚手架）的周边与外电架空线路的边线之间的最小安全操作距离

外电线路电压/kV	<1	1~10	35~110	220	330~500
最小安全操作距离/m	4.0	6.0	8.0	10	15

注：上、下脚手架的斜道不宜设在有外电线路的一侧。

（3）施工现场的机动车道与外电架空线路交叉时，架空线路的最低点与路面的最小垂直距离应符合表6-2规定。

表 6-2　施工现场的机动车道与架空线路交叉时的最小垂距

外电线路电压/kV	<1	1~10	35
最小垂直距离/m	6.0	7.0	7.0

（4）起重机严禁越过无防护设施的外电架空线路作业。在外电架空线路附近吊装时，起重机的任何部位或被吊物边缘在最大偏斜时与架空线路边线的最小安全距离应符合表6-3规定。

表 6-3　起重机与架空线路边线的最小安全距离

电压/kV 安全距离/m	<1	10	35	110	220	330	500
沿垂直方向/m	1.5	3.0	4.0	5.0	6.0	7.0	8.5
沿水平方向/m	1.5	2.0	3.5	4.0	6.0	7.0	8.5

（5）施工现场开挖沟槽边缘与外电埋地电缆沟槽边缘之间的距离不得小于0.5m。

（6）当达不到规定时，必须采取绝缘隔离防护措施，并应悬挂醒目的警告标志。

架设防护设施时，必须经有关部门批准，采用线路暂时停电或其他可靠的安全技术措施，并应有电气工程技术人员和专职安全人员监护。

防护设施与外电线路之间的安全距离不应小于表6-4所列数值。

防护设施应坚固、稳定，且对外电线路的隔离防护应达到IP30级。

表 6-4　防护设施与外电线路之间的最小安全距离

外电线路电压/kV	10	35	110	220	330	500
最小安全距离/m	1.7	2.0	2.5	4.0	5.0	6.0

（7）在外电架空线路附近开挖沟槽时，必须会同有关部门采取加固措施，防止外电架空线路电杆倾斜、悬倒。

二、电气设备防护

1. 实际案例展示

2. 施工要点

（1）电气设备现场周围不得存放易燃易爆物、污源和腐蚀介质，否则应予清除或做防护处置，其防护等级必须与环境条件相适应。

（2）电气设备设置场所应能避免物体打击和机械损伤，否则应做防护处置。

第二节　接地与防雷

一、保护接零

（1）在 TN 系统中，下列电气设备不带电的外露可导电部分应做保护接零。

1）电动机、变压器、电器、照明器具、手持式电动工具的金属外壳。

2）电气设备传动装置的金属部件。

3）配电柜与控制柜的金属框架。

4）配电装置的金属箱体、框架及靠近带电部分的金属围栏和金属门。

5）电力线路的金属保护管、敷线的钢索、起重机的底座和轨道、滑升模板金属操作平台等。

6）安装在电力线路杆（塔）上的开关、电容器等电气装置的金属外壳及支架。

（2）城防、人防、隧道等潮湿或条件特别恶劣施工现场的电气设备必须采用保护接零。

（3）在 TN 系统中，下列电气设备不带电的外露可导电部分，可不做保护接零。

1）在木质、沥青等不良导电地坪的干燥房间内，交流电压 380V 及以下的电气装置金属外壳（当维修人员可能同时触及电气设备金属外壳和接地金属件的除外）。

2）安装在配电柜、控制柜金属框架和配电箱的金属箱体上，且与其可靠电气连接的电气测量仪表、电流互感器、电器的金属外壳。

二、接地与接地电阻

（1）单台容量超过 100kVA 或使用同一接地装置并联运行且总容量超过 100kVA 的电力变压器或发电机的工作接地电阻值不得大于 4Ω。

单台容量不超过 100kVA 或使用同一接地装置并联运行且总容量不超过 100kVA 的电力变压器或发电机的工作接地电阻值不得大于 10Ω。

在土壤电阻率大于 1000Ω·m 的地区，当达到上述接地电阻值有困难时，工作接地电阻值可提高到 30Ω。

（2）TN 系统中的保护零线除必须在配电室或总配电箱处做重复接地外，还必须在配电系统的中间处和末端处做重复接地。

在 TN 系统中，保护零线每一处重复接地装置的接地电阻值不应大于 10Ω。在工作接地电阻值允许达到 10Ω 的电力系统中，所有重复接地的等效电阻值不应大于 10Ω。

（3）在 TN 系统中，严禁将单独敷设的工作零线再做重复接地。

（4）每一接地装置的接地线应采用 2 根及以上导体，在不同点与接地体做电气连接。

不得采用铝导体做接地体或地下接地线。垂直接地体宜采用角钢、钢管或光面圆钢，不得采用螺纹钢。

接地可利用自然接地体，但应保证其电气连接和热稳定。

（5）移动式发电机供电的用电设备，其金属外壳或底座应与发电机电源的接地装置有可靠的电气连接。

（6）移动式发电机系统接地应符合电力变压器系统接地的要求。下列情况可不另做保护接零：

1）移动式发电机和用电设备固定在同一金属支架上，且不供给其他设备用电时。

2）不超过 2 台的用电设备由专用的移动式发电机供电，供、用电设备间距不超过 50m，且供、用电设备的金属外壳之间有可靠的电气连接时。

（7）在有静电的施工现场内，对集聚在机械设备上的静电应采取接地泄漏措施。每组专设的静电接地体的接地电阻值不应大于 100Ω，高土壤电阻率地区不应大于 1000Ω。

三、防雷

（1）在土壤电阻率低于 200Ω·m 区域的电杆可不另设防雷接地装置，但在配电室的架空进线或出线处应将绝缘子铁脚与配电室的接地装置相连接。

（2）施工现场内的起重机、井字架、龙门架等机械设备，以及钢脚手架和正在施工的在建工程等的金属结构，当在相邻建筑物、构筑物等设施的防雷装置接闪器的保护范围以外时，应按表 6-5 规定装防雷装置。

当最高机械设备上避雷针（接闪器）的保护范围能覆盖其他设备，且又最后退出于现场，则其他设备可不设防雷装置。

表 6-5　施工现场内机械设备及高架设施需安装防雷装置的规定

地区年平均雷暴日/d	机械设备高度/m
≤15	≥50
>15，<40	≥32
≥40，<90	≥20
≥90 及雷害特别严重地区	≥12

（3）机械设备或设施的防雷引下线可利用该设备或设施的金属结构体，但应保证电气连接。

（4）机械设备上的避雷针（接闪器）长度应为 1～2m。塔式起重机可不另设避雷针（接闪器）。

（5）安装避雷针（接闪器）的机械设备，所有固定的动力、控制、照明、信号及通信线路，宜采用钢管敷设。钢管与该机械设备的金属结构体应做电气连接。

（6）施工现场内所有防雷装置的冲击接地电阻值不得大于30Ω。

（7）做防雷接地机械上的电气设备，所连接的PE线必须同时做重复接地，同一台机械电气设备的重复接地和机械的防雷接地可共用同一接地体，但接地电阻应符合重复接地电阻值的要求。

第三节　配电室及自备电源

一、配电室

1. 实际案例展示

2. 施工要点

（1）配电室应靠近电源，并应设在灰尘少、潮气少、振动小、无腐蚀介质、无易燃易爆物及道路畅通的地方。

（2）成列的配电柜和控制柜两端应与重复接地线及保护零线做电气连接。

（3）配电室和控制室应能自然通风，并应采取防止雨雪侵入和动物进入的措施。

（4）配电室布置应符合下列要求：

1）配电柜正面的操作通道宽度，单列布置或双列背对背布置不小于1.5m，双列面对面布置不小于2m。

2）配电柜后面的维护通道宽度，单列布置或双列面对面布置不小于0.8m，双列背对背布置不小于1.5m，个别地点有建筑物结构凸出的地方，则此点通道宽度可减少0.2m。

3）配电柜侧面的维护通道宽度不小于1m。

4）配电室的顶棚与地面的距离不低于3m。

5）配电室内设置值班或检修室时，该室边缘距配电柜的水平距离大于1m，并采取屏障隔离。

6）配电室内的裸母线与地面垂直距离小于2.5m时，采用遮栏隔离，遮栏下面通道的高度不小于 1.9m。

7）配电室围栏上端与其正上方带电部分的净距不小于 0.075m。

8）配电装置的上端距顶棚不小于 0.5m。

9）配电室内的母线涂刷有色油漆，以标志相序；以柜正面方向为基准，其涂色符合表6-6 规定。

表6-6　母线涂色

相　别	颜　色	垂直排列	水平排列	引下排列
L1（A）	黄	上	后	左
L2（B）	绿	中	中	中
L3（C）	红	下	前	右
N	淡蓝			

10）配电室的建筑物和构筑物的耐火等级不低于 3 级，室内配置砂箱和可用于扑灭电气火灾的灭火器。

11）配电室的门向外开，并配锁。

12）配电室的照明分别设置正常照明和事故照明。

（5）配电柜应装设电度表，并应装设电流、电压表。电流表与计费电度表不得共用一组电流互感器。

（6）配电柜应装设电源隔离开关及短路、过载、漏电保护电器。电源隔离开关分断时应有明显可见分断点。

（7）配电柜应编号、并应有用途标记。

（8）配电柜或配电线路停电维修时，应挂接地线，并应悬挂"禁止合闸、有人工作"停电标志牌。停送电必须由专人负责。

（9）配电室应保持整洁，不得堆放任何妨碍操作、维修的杂物。

二、230/400V 自备发电机组

1. 实际案例展示

2. 施工要点

（1）发电机组及其控制、配电、修理室等可分开设置；在保证电气安全距离和满足防火要求情况下可合并设置。

（2）发电机组的排烟管道必须伸出室外。发电机组及其控制、配电室内必须配置可用于扑灭电气火灾的灭火器，严禁存放贮油桶。

（3）发电机组电源必须与外电线路电源连锁，严禁并列运行。

（4）发电机组应采用电源中性点直接接地的三相四线制供电系统和独立设置 TN-S 接零保护系统。

（5）发电机控制屏宜装设下列仪表：

1）交流电压表。

2）交流电流表。

3）有功功率表。

4）电度表。

5）功率因数表。

6）频率表。

7）直流电流表。

（6）发电机供电系统应设置电源隔离开关及短路、过载、漏电保护电器。电源隔离开关分断时应有明显可见分断点。

（7）发电机组并列运行时，必须装设同期装置，并在机组同步运行后再向负载供电。

第四节 配 电 线 路

一、架空线路

1. 实际案例展示

2. 施工要点

（1）架空线必须采用绝缘导线。

（2）架空线必须架设在专用电杆上，严禁架设在树木、脚手架及其他设施上。

（3）架空线导线截面的选择应符合下列要求：

1）导线中的计算负荷电流不大于其长期连续负荷允许载流量。

2）线路末端电压偏移不大于其额定电压的5%。

3）三相四线制线路的N线和PE线截面不小于相线截面的50%，单相线路的零线截面与相线截面相同。

4）按机械强度要求，绝缘铜线截面不小于$10mm^2$，绝缘铝线截面不小于$16mm^2$。

5）在跨越铁路、公路、河流、电力线路档距内，绝缘铜线截面不小于$16mm^2$。绝缘铝线截面不小于$25mm^2$。

（4）架空线在一个档距内，每层导线的接头数不得超过该层导线条数的50%，且一条导线应只有一个接头。

在跨越铁路、公路、河流、电力线路档距内，架空线不得有接头。

（5）架空线路相序排列应符合下列规定：

1）动力、照明线在同一横担上架设时，导线相序排列是：面向负荷从左侧起依次为L1、N、L2、L3、PE。

2）动力、照明线在二层横担上分别架设时，导线相序排列是：上层横担面向负荷从左侧起依为L1、L2、L3；下层横担面向负荷从左侧起依次为L1（L2、L3）、N、PE。

（6）架空线路的档距不得大于35m。

（7）架空线路的线间距不得小于0.3m，靠近电杆的两导线的间距不得小于0.5m。

（8）架空线路横担间的最小垂直距离不得小于表6-7所列数值；横担宜采用角钢或方木、低压铁横担角钢应按表6-8选用，方木横担截面应按$80mm \times 80mm$选用；横担长度应按表6-9选用。

表6-7　横担间的最小垂直距离　　　　　　　　　　（单位：m）

排列方式	直线杆	分支或转角杆
高压与低压	1.2	1.0
低压与低压	0.6	0.3

表6-8　低压铁横担角钢选用

导线截面/mm^2	直线杆	分支或转角杆	
		二线及三线	四线以上
16			
25	∟50×5	2×∟50×5	2×∟63×5
35			
50			

（续）

导线截面/mm²	直 线 杆	分支或转角杆	
		二线及三线	四线以上
70	└63×5	2×└63×5	2×└70×6
95			
120			

表6-9 横担长度选用

横担长度/m		
二线	三线、四线	五线
0.7	1.5	1.8

（9）架空线路与邻近线路或固定物的距离应符合表6-10的规定。

（10）架空线路宜采用钢筋混凝土杆或木杆。钢筋混凝土杆不得有露筋、宽度大于0.4mm的裂纹和扭曲；木杆不得腐朽，其梢径不应小于140mm。

（11）电杆埋设深度宜为杆长的1/10加0.6m，回填土应分层夯实。在松软土质处宜加大埋入深度或采用卡盘等加固。

表6-10 架空线路与邻近线路或固定物的距离

项 目	距离类别					
最小净空距离/m	架空线路的过引线、接下线与邻线	架空线与架空线电杆外缘		架空线与摆动最大时树梢		
	0.13	0.05		0.50		
最小垂直距离/m	架空线同杆架设下方的通信、广播线路	架空线最大弧度与地面		架空线最大弧垂与暂设工程顶端	架空线与邻近电力线路交叉	
		施工现场	机动车道路	铁路轨道		1kV以下	1～10kV
	1.0	4.0	6.0	7.5	2.5	1.2	2.5
最小水平距离/m	架空线电杆与路基边缘	架空线电杆与铁路轨道边缘		架空线边缘与建筑物凸出部分		
	1.0	杆高+3.0		1.0		

（12）直线杆和15°以下的转角杆，可采用单横担单绝缘子，但跨越机动车道时应采用单横担双绝缘子；15°～45°的转角杆应采用双横担双绝缘子；45°以上的转角杆，应采用十字横担。

（13）架空线路绝缘子应按下列原则选择：

1）直线杆采用针式绝缘子。

2）耐张杆采用蝶式绝缘子。

（14）电杆的拉线宜采用不少于3根D4.0mm的镀锌钢丝。拉线与电杆的夹角应在

30°~45°之间。拉线埋设深度不得小于1m。电杆拉线如从导线之间穿过，应在高于地面2.5m处装设拉线绝缘子。

（15）因受地表环境限制不能装设拉线时，可采用撑杆代替拉线，撑杆埋设深度不得小于0.8m，其底部应垫底盘或石块。撑杆与电杆的夹角宜为30°。

（16）接户线在档距内不得有接头，进线处离地高度不得小于2.5m。

（17）架空线路必须有短路保护。采用熔断器做短路保护时，其熔体额定电流不应大于明敷绝缘导线长期连续负荷允许载流量的1.5倍。采用断路器做短路保护时，其瞬动过流脱扣器脱扣电流整定值应小于线路末端单相短路电流。

（18）架空线路必须有过载保护。采用熔断器或断路器做过载保护时，绝缘导线长期连续负荷允许载流量不应小于熔断器熔体额定电流或断路器长延时过流脱扣器脱扣电流整定值的1.25倍。

二、电缆线路

（1）电缆中必须包含全部工作芯线和用作保护零线或保护线的芯线。需要三相四线制配电的电缆线路必须采用五芯电缆。

五芯电缆必须包含淡蓝、绿/黄二种颜色绝缘芯线。淡蓝色芯线必须用作 N 线；绿/黄双色芯线必须用作 PE 线，严禁混用。

（2）电缆线路应采用埋地或架空敷设，严禁沿地面明设，并应避免机械损伤和介质腐蚀。埋地电缆路径应设方位标志。

（3）电缆类型应根据敷设方式、环境条件选择。埋地敷设宜选用铠装电缆；当选用无铠装电缆时，应能防水、防腐。架空敷设宜选用无铠装电缆。

（4）电缆直接埋地敷设的深度不应小于0.7m，并应在电缆紧邻上、下、左、右侧均匀敷设不小于50mm厚的细砂，然后覆盖砖或混凝土板等硬质保护层。

（5）埋地电缆在穿越建筑物、构筑物、道路、易受机械损伤、介质体育馆场所及引出地面从2.0m高到地下0.2m处，必须加设防护套管，防护套管内径不应小于电缆外径的1.5倍。

（6）埋地电缆与其附近外电电缆和管沟的平行间距不得小于2m，交叉间距不得小于1m。

（7）埋地电缆的接头应设在地面上的接线盒内，接线盒应能防水、防尘、防机械损伤，并应远离易燃、易爆、易腐蚀场所。

（8）架空电缆应沿电杆、支架或墙壁敷设，并采用绝缘子固定，绑扎线必须采用绝缘线，固定点间距应保证电缆能承受自重所带来的荷载，敷设高度应符合规范架空线路敷设高度的要求，但沿墙壁敷设时最大弧垂距地不得小于2.0m。

架空电缆严禁沿脚手架、树木或其他设施敷设。

（9）在建工程内的电缆线路必须采用电缆埋地引入，严禁穿越脚手架引入。电缆垂直敷设应充分利用在建工程的竖井、垂直洞等，并宜靠近用电负荷中心，固定点楼层不得少于一处。电缆水平敷设宜沿墙或门口刚性固定，最大弧垂距地不得小于2.0m。

装饰装修工程或其他特殊阶段，应补充编制单项施工用电方案。电源线可沿墙角、地面敷设，但应采取防机械损伤和电火措施。

（10）电缆线路必须有短路保护和过载保护。

三、室内配线

1. 实际案例展示

2. 施工要点

（1）室内配线必须采用绝缘导线或电缆。

（2）室内配线应根据配线类型采用瓷瓶、瓷（塑料）夹、嵌绝缘槽、穿管或钢索敷设。潮湿场所或埋地非电缆配线必须穿管敷设，管口和管接头应密封；当采用金属管敷设时，金属管必须做等电位连接，且必须与 PE 线相连接。

（3）室内非埋地明敷主干线距地面高度不得小于 2.5m。

（4）架空进户线的室外端应采用绝缘子固定，过墙处应穿管保护，距地面高度不得小于 2.5m，并应采取防雨措施。

（5）室内配线所用导线或电缆的截面应根据用电设备或线路的计算负荷确定，但铜线截面不应小于 1.5mm²，铝线截面不应小于 2.5mm²。

（6）钢索配线的吊架间距不宜大于 12m。采用瓷夹固定导线时，导线间距不应小于 35mm，瓷夹间距不应大于 800mm；采用瓷瓶固定导线时，导线间距不应小于 100mm，瓷瓶间距不应大于 1.5m；采用护套绝缘导线或电缆时，可直接敷设于钢索上。

（7）室内配线必须有短路保护和过载保护。对穿管敷设的绝缘导线线路，其短路保护熔断器的熔体额定电流不应大于穿管绝缘导线长期连续负荷允许载流量的 2.5 倍。

第五节　配电箱及开关箱

一、配电箱及开关箱的设置

1. 实际案例展示

2. 施工要点

（1）配电系统应设置配电柜或总配电箱、分配电箱、开关箱，实行三级配电。配电系统宜使三相负荷平衡。220V 或 380V 单相用电设备宜接入 220/380V 三相四线系统；当单相照明线路电流大于 30A 时，宜采用 220/380V 三相四线制供电。

（2）总配电箱以下可设若干分配电箱；分配电箱以下可设若干开关箱。总配电箱应设在靠近电源的区域，分配电箱应设在用电设备或负荷相对集中的区域，分配电箱与开关箱的距离不得超过 30m，开关箱与其控制的固定式用电设备的水平距离不宜超过 3m。

（3）每台用电设备必须有各自专用的开关箱，严禁用同一个开关箱直接控制2台及2台以上用电设备（含插座）。

（4）动力配电箱与照明配电箱宜分别设置。当合并设置为同一配电箱时，动力和照明应分路配电；动力开关箱与照明开关箱必须分设。

（5）配电箱、开关箱应装设在干燥、通风及常温场所，不得装设在有严重损伤作用的瓦斯、烟气、潮气及其他有害介质中，亦不得装设在易受外来固体物撞击、强烈振动、液体浸溅及热源烘烤场所。否则，应予清除或做防护处理。

（6）配电箱、开关箱周围应有足够2人同时工作的空间和通道，不得堆放任何妨碍操作、维修的物品，不得有灌木、杂草。

（7）配电箱、开关箱应采用冷轧钢板或阻燃绝缘材料制作，钢板厚度应为1.2～2.0mm，其中开关箱箱体钢板厚度不得小于1.2mm，配电箱箱体钢板厚度不得小于1.5mm，箱体表面应做防腐处理。

（8）配电箱、开关箱应装设端正、牢固。固定式配电箱、开关箱的中心点与地面的垂直距离应为1.4～1.6m。移动式配电箱、开关箱应装设在坚固、稳定的支架上。其中心点与地面的垂直距离宜为0.8～1.6m。

（9）配电箱、开关箱内的电器（含插座）应先安装在金属或非木质阻燃绝缘电器安装板上，然后方可整体紧固在配电箱、开关箱箱体内。金属电器安装板与金属箱体应做电气连接。

（10）配电箱、开关箱内的电器（含插座）应按其规定位置紧固在电器安装板上，不得歪斜和松动。

（11）配电箱的电器安装板上必须分设N线端子板和PE线端子板。N线端子板必须与金属电器安装板绝缘；PE线端子板必须与金属电器安装板做电气连接。进出线中的N线必须通过N线端子板连接；PE线必须通过PE线端子板连接。

（12）配电箱、开关箱内的连接线必须采用铜芯绝缘导线。导线分支接头不得采用螺栓压接，应采用焊接并做绝缘包扎，不得有外露带电部分。

（13）配电箱、开关箱的金属箱体、金属电器安装板以及电器正常不带电的金属底座、外壳等必须通过PE线端子板与PE线做电气连接，金属箱门与金属箱必须通过采用编织软铜线做电气连接。

（14）配电箱、开关箱的箱体尺寸应与箱内电器的数量和尺寸相适应，箱内电器安装板板面电器安装尺寸可按照表6-11确定。

（15）配电箱、开关箱中导线的进线口和出线口应设在箱体的下底面。

表6-11　配电箱、开关箱内电器安装尺寸选择值

间　距　名　称	最小净距/mm
并列电器（含单极熔断器）间	30
电器进、出线瓷管（塑胶管）孔与电器边沿间	15A，30；20～30A，50；60A以上，80
上、下排电器进出线瓷管（塑胶管）孔间	25
电器进、出线瓷管（塑胶管）孔至板边	40
电器至板边	40

（16）配电箱、开关箱的进、出线口应配置固定线卡、进出线应加绝缘护套并成束卡在箱体上，不得与箱体直接接触。移动式配电箱、开关箱的进、出线应采用橡胶护套绝缘电缆，不得有接头。

（17）配电箱、开关箱外形结构应能防雨、防尘。

二、电器装置的选择

（1）配电箱、开关箱内的电器必须可靠、完好，严禁使用破损、不合格的电器。

（2）总配电箱的电器应具备电源隔离，正常接通与分断电路，以及短路、过载、漏电保护功能。电器设置应符合下列原则：

1）当总路设置总漏电保护器时，还应装设总隔离开关、分路隔离开关以及总断路器、分路断路器或总熔断器、分路熔断器。当所设总漏电保护器是同时具备短路、过载、漏电保护功能的漏电断路器时，可不设总断路器或总熔断器。

2）当各分路设置分路漏电保护器时，还应装设总隔离开关、分路隔离开关以及总断路器、分路断路器或总熔断器、分路熔断器。当分路所设漏电保护器是同时具备短路、过载、漏电保护功能的漏电断路器时，可不设分路断路器或分路熔断器。

3）隔离开关应设置于电源进线端，应采用分断时具有可见分断点，并能同时断开电源所有极的隔离电器。如采用分断时具有可见分断点的断路器，可不另设隔离开关。

4）熔断器应选用具有可靠灭弧分断功能的产品。

5）总开关电器的额定值、动作整定值应与分路开关电器的额定值、动作整定值相适应。

（3）总配电箱应装设电压表、总电流表、电度表及其他需要的仪表。专用电能计量仪表的装设应符合当地供用电管理部门的要求。装设电流互感器时，其二次回路必须与保护零线有一个连接点，且严禁断开电路。

（4）分配电箱应装设总隔离开关、分路隔离开关以及总断路器、分路断路器或总熔断器、分路熔断器。其设置和选择应符合规范要求。

（5）开关箱必须装设隔离开关、断路器或熔断器，以及漏电保护器。当漏电保护器是同时具有短路、过载、漏电保护功能的漏电断路器时，可不装设断路或熔断器。隔离开关应采用分断时具有可见分断点，能同时断开电源所有极的隔离电器，并应设置于电源进线端。当断路器是具有可见分断点时，可不另设隔离开关。

（6）开关箱中的隔离开关只可直接控制照明电路和容量不大于3.0kW的动力电路，但不应频繁操作。容量大于3.0kW的动力电路应采用断路器控制，操作频繁时还应附设接触器或其他启动控制装置。

（7）开关箱中各种开关电器的额定值和动作整定值应与其控制用电设备的额定值和特性相适应。

（8）漏电保护器应装设在总配电箱、开关箱靠近负荷的一侧，且不得用于启动电气设备的操作。

（9）漏电保护器的选择应符合现行国家标准《剩余电流动作保护器的一般要求》（GB/Z 6829—2008）和《剩余电流动作保护装置安装和运行》（GB13955—2005）的规定。

（10）开关箱中漏电保护器的额定漏电动作电流不应大于 30mA，额定漏电动作时间不应大于 0.1s。使用于潮湿或有腐蚀介质场所的漏电保护器应采用防溅型产品，其额定漏电动作电流不应大于 15mA，额定漏电动作时间不应大于 0.1s。

（11）总配电箱中漏电保护器的额定漏电动作电流应大于 30mA，额定漏电动作时间应大于 0.1s，但其额定漏电动作电流与额定漏电动作时间的乘积不应大于 30mA·s。

（12）总配电箱和开关箱中漏电保护器的极数和线数必须与其负荷侧负荷的相数和线数一致。

（13）配电箱、开关箱中的漏电保护器宜选用无辅助电源型（电磁式）产品，或选用辅助电源故障时能自动断开的辅助电源型（电子式）产品。当选用辅助电源故障时不能自动断开的辅助电源型（电子式）产品时，应同时设置缺相保护。

（14）漏电保护器应按产品说明书安装、使用。对搁置已久重新使用或连续使用的漏电保护器应逐月检测其特性，发现问题应及时修理或更换。漏电保护器的正确使用接线方法应按图 6-1 选用。

（15）配电箱、开关箱的电源进线端严禁采用插头和插座做活动连接。

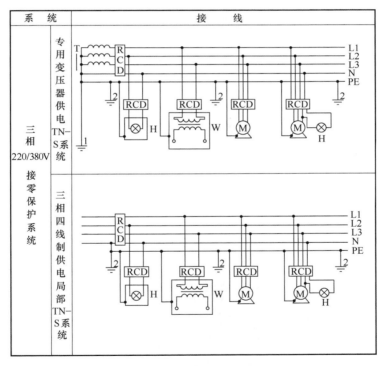

图 6-1　漏电保护器使用接线方法示意

L1、L2、L3—相线　N—工作零线　PE—保持零线、保护线　1—工作接地

2—重复接地　T—变压器　RCD—漏电保护器　H—照明器　W—电焊机　M—电动机

三、使用与维护

（1）配电箱、开关箱应有名称、用途、分路标记及系统接线图。

（2）配电箱、开关箱箱门应配锁，并应由专人负责。

（3）配电箱、开关箱应定期检查、维修。检查、维修人员必须是专业电工。检查、维修时必须按规定穿、戴绝缘鞋、手套，必须使用电工绝缘工具，并应做检查、维修工作记录。

（4）对配电箱、开关箱进行定期维修、检查时，必须将其前一级相应的电源隔离开关分闸断电，并悬挂"禁止合闸、有人工作"停电标志牌，严禁带电作业。

（5）配电箱、开关箱必须按照下列顺序操作：

1）送电操作顺序为：总配电箱→分配电箱→开关箱。

2）停电操作顺序为：开关箱→分配电箱→总配电箱。

但出现电气故障的紧急情况可除外。

（6）施工现场停止作业 1h 以上时，应将动力开关箱断电上锁。

（7）开关箱的操作人员必须符合规范规定。

（8）配电箱、开关箱内不得放置任何杂物，并应保持整洁。

（9）配电箱、开关箱内不得随意挂接其他用电设备。

（10）配电箱、开关箱内的电器配置和接线严禁随意改动。熔断器的熔体更换时，严禁采用不符合原规格的熔体代替。漏电保护器每天使用前应启动漏电试验按钮试跳一次，试跳不正常时严禁继续使用。

（11）配电箱、开关箱的进线和出线严禁承受外力，严禁与金属尖锐断口、强腐蚀介质和易燃易爆物接触。

第六节　电动建筑机械和手持式电动工具

一、起重机械

1. 实际案例展示

2. 施工要点

（1）塔式起重机的电气设备应符合现行国家标准《塔式起重机安全规程》（GB5144—

2006）中的要求。

（2）塔式起重机应做重复接地和防雷接地。轨道式塔式起重机接地装置的设置应符合下列要求：

1）轨道两端各设一组接地装置。

2）轨道的接头处作电气连接，两条轨道端部做环形电气连接。

3）较长轨道每隔不大于30m加一组接地装置。

（3）塔式起重机与外电线路的安全距离应符合规范要求。

（4）轨道式塔式起重机的电缆不得拖地行走。

（5）需要夜间工作的塔式起重机，应设置正对工作面的投光灯。

（6）塔身高于30m的塔式起重机，应在塔顶和臂架端部设红色信号灯。

（7）在强电磁波源附近工作的塔式起重机，操作人员应戴绝缘手套和穿绝缘鞋，并应在吊钩与机体间采取绝缘隔离措施，或在吊钩吊装地面物体时，在吊钩上挂接临时接地装置。

（8）外用电梯梯笼内、外均应安装紧急停止开关。

（9）外用电梯和物料提升机的上、下极限位置应设置限位开关。

（10）外用电梯和物料提升机在每日工作前必须对行程开关、限位开关、紧急停止开关、驱动机构和制动器等进行空载检查，正常后方可使用。检查时必须有防坠落措施。

二、桩工机械

1. 实际案例展示

2. 施工要点

（1）潜水式钻孔机电动机的密封性能应符合现行国家标准《外壳防护等级（IP代码）》（GB4208—2008）中的IP68级的规定。

（2）潜水电机的负荷线应采用防水橡胶护套铜芯软电缆，长度不应小于1.5m，且不得承受外力。

（3）潜水式钻孔机开关箱中的漏电保护器必须符合对潮湿场所选用漏电保护器的要求。

三、夯土机械

1. 实际案例展示

2. 施工要点

（1）夯土机械开关箱中的漏电保护器必须符合规范对潮湿场所选用漏电保护器的要求。

（2）夯土机械 PE 线的连接点不得少于 2 处。

（3）夯土机械的负荷线应采用耐气候型橡胶护套铜芯软电缆。

（4）使用夯土机械必须按规定穿戴绝缘用品，使用过程应有专人调整电缆，电缆长度不应大于 50m。电缆严禁缠绕、扭结和被夯土机械跨越。

（5）多台夯土机械并列工作时，其间距不得小于 5m；前后工作时，其间距不得小于 10m。

（6）夯土机械的操作扶手必须绝缘。

四、焊接机械

1. 实际案例展示

2. 施工要点

（1）电焊机械应放置在防雨、干燥和通风良好的地方。焊接现场不得有易燃、易爆物品。

（2）交流弧焊机变压器的一次侧电源线长度不应大于5m，其电源进线处必须设置防护罩。发电机式直流电焊机的换向器应经常检查和维护，应消除可能产生的异常电火花。

（3）电焊机械开关箱中的漏电保护器必须符合规范的要求。交流电焊机械应配装防二次侧触电保护器。

（4）电焊机械的二次线应采用防水橡胶护套铜芯软电缆，电缆长度不应大于30m，不得采用金属构件或结构钢筋代替二次线的地线。

（5）使用电焊机械焊接时必须穿戴防护用品。严禁露天冒雨从事电焊作业。

五、手持式电动工具

1. 实际案例展示

2. 施工要点

（1）空气湿度小于75%的一般场所可选用Ⅰ类或Ⅱ类手持式电动工具，其金属外壳与PE线的连接点不得少于2处；除塑料外壳Ⅱ类工具外，相关开关箱中漏电保护器的额定漏电动作电流不应大于15mA，额定漏电动作时间不应大于0.1s，其负荷线插头应具备专用的保护触头。所用插座和插头在结构上应保持一致，避免导电触头和保护触头混用。

（2）在潮湿场所和金属构架上操作时，必须选用Ⅱ类或由安全隔离变压器供电的Ⅲ类手持式电动工具。金属外壳Ⅱ类手持式电动工具使用时，必须符合规范要求；其开关箱和控制箱应设置在作业场所外面，在潮湿场所或金属构架上严禁使用Ⅰ类手持式电动工具。

（3）狭窄场所必须选用由安全隔离变压器供电的Ⅲ类手持式电动工具，其开关箱和安全隔离变压器均应设置在狭窄场所外面，并连接PE线。漏电保护器的选择应符合使用于潮湿或有腐蚀介质场所漏电保护器的要求。操作过程中，应有人在外面监护。

（4）手持式电动工具的负荷线应采用耐气候型的橡胶护套铜芯软电缆，并不得有接头。

（5）手持式电动工具的外壳、手柄、插头、开关、负荷线等必须完好无损，使用前必须做绝缘检查和空载检查，在绝缘合格、空载运转正常后方可使用。绝缘电阻不应小于表6-12规定的数值。

表6-12   手持式电动工具绝缘电阻限值

测 量 部 位	绝缘电阻/MΩ		
	Ⅰ类	Ⅱ类	Ⅲ类
带电零件与外壳之间	2	7	1

注：绝缘电阻用500V兆欧表测量。

（6）使用手持式电动工具时，必须按规定穿、戴绝缘防护用品。

第七节　照　　明

一、照明供电

1. 实际案例展示

2. 施工要点

（1）一般场所使适用额定电压为220V的照明器。

（2）下列特殊场所应使用安全特低电压照明器：

1）隧道、人防工程、高温、有导电灰尘、比较潮湿或灯具离地面高度低于2.5m等场所的照明，电源电压不应大于36V。

2）潮湿和易触及带电体场所的照明，电源电压不得大于24V。

3）特别潮湿场所、导电良好的地面、锅炉或金属容器内的照明，电源电压不得大于12V。

（3）使用行灯应符合下列要求：

1）电源电压不大于36V。

2）灯体与手柄应坚固、绝缘良好并耐热耐潮湿。

3）灯头与灯体结合牢固，灯头无开关。

4）灯泡外部有金属保护网。

5）金属网、反光罩、悬吊挂钩固定在灯具的绝缘部位上。

（4）远离电源的小面积工作场地、道路照明、警卫照明或额定电压为12～36V照明的场所，其电压允许偏移值为额定电压值的－10%～5%；其余场所电压允许偏移值为额定电压值的±5%。

（5）照明变压器必须使用双绕组型安全隔离变压器，严禁使用自耦变压器。

（6）照明系统宜使三相负荷平衡，其中每一单相回路上，灯具和插座数量不宜超过25个，负荷电流不宜超过15A。

（7）携带式变压器的一次侧电源线应采用橡胶护套或塑料护套铜芯软电缆，中间不得有接头，长度不宜超过3m，其中绿/黄双色线只可作PE线使用，电源插座应有保护触头。

（8）工作零线截面应按下列规定选择。

1）单相二线及二相二线线路中，零线截面与相线截面相同。

2）三相四线制线路中，当照明器为白炽灯时，零线截面不小于相线截面的50%；当照明器为气体放电灯时，零线截面按最大负载相的电流选择。

3）在逐相切断的三相照明电路中，零线截面与最大负载相相线截面相同。

二、照明装置

（1）照明灯具的金属外壳必须与PE线相连接，照明开关箱内必须装设隔离开关、短路与过载保护器和漏电保护器。

（2）室外220V灯具距地面不得低于3m，室内220V灯具距地面不得低于2.5m。

普通灯具与易燃物距离不宜小于300mm；聚光灯、碘钨灯等高热灯具与易燃物距离不宜小于500mm，且不得直接照射易燃物。达不到规定安全距离时，应采取隔热措施。

（3）路灯的每个灯具应单独装设熔断器保护。灯头线应做防水弯。

（4）荧光灯管应采用管座固定或用吊链悬挂，荧光灯的镇流器不得安装在易燃的结构物上。

（5）碘钨灯及钠、铊、铟等金属卤化物灯具的安装高度宜在3m以上，灯线应固定在接线柱上，不得靠近灯具表面。

（6）投光灯的底座应安装牢固，应按需要的光轴方向将枢轴拧紧固定。

（7）螺口灯头及其接线应符合下列要求：

1）灯头的绝缘外壳无损伤、无漏电。

2）相线接在与中心触头相连的一端，零线接在与螺纹口相连的一端。

（8）灯具内的接线必须牢固，灯具外的接线必须做可靠的防水绝缘包扎。

（9）暂设工程的照明灯具宜采用拉线开关控制，开关安装位置宜符合下列要求：

1）拉线开关距地面高度为2～3m，与出入口的水平距离为0.15～0.2m，拉线的出口向下。

2）其他开关距地面高度为 1.3m，与出入口的水平距离为 0.15～0.2m。

（10）灯具的相线必须经开关控制，不得将相线直接引入灯具。

（11）对夜间影响飞机或车辆通行的在建工程及机械设备，必须设置醒目的红色信号灯，其电源应设在施工现场总电源开关的前侧，并应设置外电线路停止供电时的应急自备电源。

第七章　建筑施工升降机

第一节　施工升降机的安装

一、安装条件

（1）施工升降机地基、基础应满足使用说明书的要求。对基础设置在地下室顶板、楼面或其他下部悬空结构上的施工升降机，应对基础支撑结构进行承载力验算。施工升降机安装前应对基础进行验收，合格后方能安装。

（2）安装作业前，安装单位应根据施工升降机基础验收表、隐蔽工程验收单和混凝土强度报告等相关资料，确认所安装的施工升降机和辅助起重设备的基础、地基承载力、预埋件、基础排水措施等符合施工升降机安装、拆卸工程专项施工方案的要求。

（3）施工升降机安装前应对各部件进行检查。对有可见裂纹的构件应进行修复或更换，对有严重锈蚀、严重磨损、整体或局部变形的构件必须进行更换，符合产品标准的有关规定后方能进行安装。

（4）安装作业前，应对辅助起重设备和其他安装辅助用具的机械性能和安全性能进行检查，合格后方能投入作业。

（5）安装作业前，安装技术人员应根据施工升降机安装、拆卸工程专项施工方案和使用说明书的要求，对安装作业人员进行安全技术交底，并由安装作业人员在交底书上签字。在施工期间内，交底书应留存备查。

（6）有下列情况之一的施工升降机不得安装使用。

1）属国家明令淘汰或禁止使用的。

2）超过由安全技术标准或制造厂家规定使用年限的。

3）经检验达不到安全技术标准规定的。

4）无完整安全技术档案的。

5）无齐全有效的安全保护装置的。

（7）施工升降机必须安装防坠安全器。防坠安全器应在一年有效标定期内使用。

（8）施工升降机应安装超载保护装置。超载保护装置在载荷达到额定载重量的110%前应能中止吊笼启动，在齿轮齿条式载人施工升降机载荷达到额定载重量的90%时应能给出报警信号。

（9）附墙架附着点处的建筑结构承载力应满足施工升降机使用说明书的要求。

（10）施工升降机的附墙架形式、附着高度、垂直间距、附着点水平距离、附墙架与水平面之间的夹角、导轨架自由端高度和导轨架与主体结构间水平距离等均应符合使用说明书的要求。

（11）当附墙架不能满足施工现场要求时，应对附墙架另行设计。附墙架的设计应满足构件刚度、强度、稳定性等要求，制作应满足设计要求。

（12）在施工升降机使用期限内，非标准构件的设计计算书、图样、施工升降机安装工程专项施工方案及相关资料应在工地存档。

（13）基础预埋件、连接构件的设计、制作应符合使用说明书的要求。

（14）安装前应做好施工升降机的保养工作。

二、安装作业

（1）安装作业人员应按施工安全技术交底内容进行作业。

（2）安装单位的专业技术人员、专职安全生产管理人员应进行现场监督。

（3）施工升降机的安装作业范围应设置警戒线及明显的警示标志。非作业人员不得进入警戒范围。任何人不得在悬吊物下方行走或停留。

（4）进入现场的安装作业人员应佩戴安全防护用品，高处作业人员应系安全带，穿防滑鞋。作业人员严禁酒后作业。

（5）安装作业中应统一指挥，明确分工。危险部位安装时应采取可靠的防护措施。当指挥信号传递困难时，应使用对讲机等通信工具进行指挥。

（6）当遇大雨、大雪、大雾或风速大于13m/s等恶劣天气时，应停止安装作业。

（7）电气设备安装应按施工升降机使用说明书的规定进行，安装用电应符合现行行业标准《施工现场临时用电安全技术规范》（JGJ 46—2005）的规定。

（8）施工升降机金属结构和电气设备金属外壳均应接地，接地电阻不应大于4Ω。

（9）安装时应确保施工升降机运行通道内无障碍物。

（10）安装作业时必须将按钮盒或操作盒移至吊笼顶部操作。当导轨架或附墙架上有人员作业时，严禁开动施工升降机。

（11）传递工具或器材不得采用投掷的方式。

（12）在吊笼顶部作业前应确保吊笼顶部护栏齐全完好。

（13）吊笼顶上所有的零件和工具应放置平稳，不得超出安全护栏。

（14）安装作业过程中安装作业人员和工具等总载荷不得超过施工升降机的额定安装载重量。

（15）当安装吊杆上有悬挂物时，严禁开动施工升降机。严禁超载使用安装吊杆。

（16）层站应为独立受力体系，不得搭设在施工升降机附墙架的立杆上。

（17）当需安装导轨架加厚标准节时，应确保普通标准节和加厚标准节的安装部位正确，不得用普通标准节替代加厚标准节。

（18）导轨架安装时，应对施工升降机导轨架的垂直度进行测量校准。施工升降机导轨架安装垂直度偏差应符合使用说明书和表7-1的规定。

（19）接高导轨架标准节时，应按使用说明书的规定进行附墙连接。

（20）每次加节完毕后，应对施工升降机导轨架的垂直度进行校正，且应按规定及时重新设置行程限位和极限限位，经验收合格后方能运行。

表 7-1　安装垂直度偏差

导轨架架设高度 h/m	$h \leqslant 70$	$70 < h \leqslant 100$	$100 < h \leqslant 150$	$150 < h \leqslant 200$	$h > 200$
垂直度偏差/mm	不大于（/1000）h	$\leqslant 70$	$\leqslant 90$	$\leqslant 110$	$\leqslant 130$
	对钢丝绳式施工升降机，垂直度偏差不大于（1.5/1000）h				

（21）连接件和连接件之间的防松防脱件应符合使用说明书的规定，不得用其他物件代替。对有预紧力要求的连接螺栓，应使用扭力扳手或专用工具，按规定的拧紧次序将螺栓准确地紧固到规定的扭矩值。安装标准节连接螺栓时，宜螺杆在下，螺母在上。

（22）施工升降机最外侧边缘与外面架空输电线路的边线之间，应保持安全操作距离。最小安全操作距离应符合表 7-2 的规定。

表 7-2　最小安全操作距离

外电线电路电压/kV	<1	1～10	35～110	220	330～500
最小安全操作距离/m	4	6	8	10	15

（23）当发现故障或危及安全的情况时，应立刻停止安装作业，采取必要的安全防护措施，应设置警示标志并报告技术负责人。在故障或危险情况未排除之前，不得继续安装作业。

（24）当遇意外情况不能继续安装作业时，应使已安装的部件达到稳定状态并固定牢靠，经确认合格后方能停止作业。作业人员下班离岗时，应采取必要的防护措施，并应设置明显的警示标志。

（25）安装完毕后应拆除为施工升降机安装作业而设置的所有临时设施，清理施工场地上作业时所用的索具、工具、辅助用具、各种零配件和杂物等。

（26）钢丝绳式施工升降机的安装还应符合下列规定。

1）卷扬机应安装在平整、坚实的地点，且应符合使用说明书的要求。

2）卷扬机、曳引机应按使用说明书的要求固定牢靠。

3）应按规定配备防坠安全装置。

4）卷扬机卷筒、滑轮、曳引轮等应有防脱绳装置。

5）每天使用前应检查卷扬机制动器，动作应正常。

6）卷扬机卷筒与导向滑轮中心线应垂直对正，钢丝绳出绳偏角大于 2° 时应设置排绳器。

7）卷扬机的传动部位应安装牢固的防护罩；卷扬机卷筒旋转方向应与操纵开关上指示方向一致。卷扬机钢丝绳在地面上运行区域内应有相应的安全保护措施。

第二节　施工升降机的使用

1. 实际案例展示

2. 施工要点

（1）不得使用有故障的施工升降机。

（2）严禁施工升降机使用超过有效标定期的防坠安全器。

（3）施工升降机额定载重量、额定乘员数标牌应置于吊笼醒目位置。严禁在超过额定载重量或额定乘员数的情况下使用施工升降机。

（4）当电源电压值与施工升降机额定电压值的偏差超过 ±5% 。或供电总功率小于施工升降机的规定值时，不得使用施工升降机。

（5）应在施工升降机作业范围内设置明显的安全警示标志，应在集中作业区做好安全防护。

（6）当建筑物超过 2 层时，施工升降机地面通道上方应搭设防护棚。当建筑物高度超过 24m 时，应设置双层防护棚。

（7）使用单位应根据不同的施工阶段、周围环境、季节和气候，对施工升降机采取相应的安全防护措施。

（8）使用单位应在现场设置相应的设备管理机构或配备专职的设备管理人员，并指定专职设备管理人员、专职安全生产管理人员进行监督检查。

（9）当遇大雨、大雪、大雾、施工升降机顶部风速大于 20m/s 或导轨架、电缆表面结有冰层时，不得使用施工升降机。

（10）严禁用行程限位开关作为停止运行的控制开关。

（11）使用期间，使用单位应按使用说明书的要求对施工升降机定期进行保养。

（12）在施工升降机基础周边水平距离 5m 以内，不得开挖井沟，不得堆放易燃易爆物品及其他杂物。

（13）施工升降机运行通道内不得有障碍物。不得利用施工升降机的导轨架、横竖支撑、层站等牵拉或悬挂脚手架、施工管道、绳缆标语、旗帜等。

（14）施工升降机安装在建筑物内部井道中时，应在运行通道四周搭设封闭屏障。

（15）安装在阴暗处或夜班作业的施工升降机，应在全行程装设明亮的楼层编号标志灯。夜间施工时作业区应有足够的照明，照明应满足现行行业标准《施工现场临时用电安全技术规范》（JGJ 46—2005）的要求。

（16）施工升降机不得使用脱皮、裸露的电线、电缆。

（17）施工升降机吊笼底板应保持干燥整洁。各层站通道区域不得有物品长期堆放。

（18）施工升降机司机严禁酒后作业。工作时间内司机不应与其他人员闲谈，不应有妨碍施工升降机运行的行为。

（19）施工升降机司机应遵守安全操作规程和安全管理制度。

（20）实行多班作业的施工升降机，应执行交接班制度，交班司机应填写交接班记录表。接班司机应进行班前检查，确认无误后，方能开机作业。

（21）施工升降机每天第一次使用前，司机应将吊笼升离地面 1~2m，停车验制动器的可靠性。当发现问题，应经修复合格后方能运行。

（22）施工升降机每 3 个月应进行 1 次 1.25 倍额定重量的超载试验，确保制动器性能安全可靠。

（23）工作时间内司机不得擅自离开施工升降机。当有特殊情况需离开时，应将施工升降机停到最底层，关闭电源并锁好吊笼门。

（24）操作手动开关的施工升降机时，不得利用机电联锁开动或停止施工升降机。

（25）层门门栓宜设置在靠施工升降机一侧，且层门应处于常闭状态。未经施工升降机司机许可，不得启闭层门。

（26）施工升降机专用开关箱应设置在导轨架附近便于操作的位置，配电容量应满足施工升降机直接启动的要求。

（27）施工升降机使用过程中，运载物料的尺寸不应超过吊笼的界限。

（28）散状物料运载时应装入容器、进行捆绑或使用织物袋包装，堆放时应使载荷分布均匀。

（29）运载溶化沥青、强酸、强碱、溶液、易燃物品或其他特殊物料时，应由相关技术部门做好风险评估和采取安全措施，且应向施工升降机司机、相关作业人员书面交底后方能载运。

（30）当使用搬运机械向施工升降机吊笼内搬运物料时，搬运机械不得碰撞施工升降机。卸料时，物料放置速度应缓慢。

（31）当运料小车进入吊笼时，车轮处的集中荷载不应大于吊笼底板底和层站底板的允许承载力。

（32）吊笼上的各类安全装置应保持完好有效。经过大雨、大雪、台风等恶劣天气后应对各安全装置进行全面检查，确认安全有效后方能使用。

（33）当在施工升降机运行中发现异常情况时，应立即停机，直到排除故障后方能继续运行。

（34）当在施工升降机运行中由于断电或其他原因中途停止时，可进行手动下降。吊笼手动下降速度不得超过额定运行速度。

（35）作业结束后应将施工升降机返回最底层停放，将各控制开关拨到零位，切断电源，锁好开关箱，吊笼门和地面防护围栏门。

（36）钢丝绳式施工升降机的使用还应符合下列规定：

1）钢丝绳应符合现行国家标准《起重机钢丝绳保养、维护、安装、检验和报废》（GB/T 5972—2009）的规定。

2）施工升降机吊笼运行时钢丝绳不得与遮掩物或其他物件发生碰触或摩擦。

3）当吊笼位于地面时，最后缠绕在卷扬机卷筒上的钢丝绳不应少于3圈，且卷扬机卷筒上钢丝绳应无乱绳现象。

4）卷扬机工作时，卷扬机上部不得放置任何物件。

5）不得在卷扬机、曳引机运转时进行清理或加油。

3. 检查、保养和维修

（1）在每天开工前和每次换班前，施工升降机司机应对施工升降机进行检查。对检查结果应进行记录，发现问题应向使用单位报告。

（2）在使用期间，使用单位应每月组织专业技术人员对施工升降机进行检查，并对检查结果进行记录。

（3）当遇到可能影响施工升降机安全技术性能的自然灾害、发生设备事故或停工6个月以上时，应对施工升降机重新组织检查验收。

（4）应按使用说明书的规定对施工升降机进行保养、维修。保养、维修的时间间隔应根据使用频率、操作环境和施工升降机状况等因素确定。使用单位应在施工升降机使用期间安排足够的设备保养、维修时间。

（5）对保养和维修后的施工升降机，经检测确认各部件状态良好后，宜对施工升降机进行额定载重量试验。双吊笼施工升降机应对左右吊笼分别进行额定载重量试验。试验范围应包括施工升降机正常运行的所有方面。

（6）施工升降机使用期间，每3个月应进行不少于一次的额定载重量坠落试验。坠落试验的方法、时间间隔及评定标准应符合使用说明书和现行国家标准《施工升降机》（GB/T10054—2005）的有关要求。

（7）对施工升降机进行检修时应切断电源，并应设置醒目的警示标志。当需通电检修时，应做好防护措施。

（8）不得使用未排除安全隐患的施工升降机。

（9）严禁在施工升降机运行中进行保养、维修作业。

（10）施工升降机保养过程中，对磨损、破坏程度超过规定的部件，应及时进行维修或更换，并由专业技术人员检查验收。

（11）应将各种与施工升降机检查、保养和维修相关的记录纳入安全技术档案，并在施工升降机使用期间内在工地存档。

第三节　施工升降机的拆卸

（1）拆卸前应对施工升降机的关键部件进行检查，当发现问题时，应在问题解决后方能进行拆卸作业。

（2）施工升降机拆卸作业应符合拆卸工程专项施工方案的要求。

（3）应有足够的工作面作为拆卸场地，应在拆卸场地周围设置警戒线和醒目的安全警示标志，并应派专人监护。拆卸施工升降机时，不得在拆卸作业区域内进行与拆卸无关的其他作业。

（4）夜间不得进行施工升降机的拆卸作业。

（5）拆卸附墙架时施工升降机导轨架的自由端高度应始终满足使用说明书的要求。

（6）应确保与基础相连的导轨架在最后一个附墙架拆除后，仍能保持各方向的稳定性。

（7）施工升降机拆卸应连续作业。当拆卸作业不能连续完成时，应根据拆卸状态采取相应的安全措施。

（8）吊笼未拆除之前，非拆卸作业人员不得在地面防护围栏内、施工升降机运行通道内、导轨架内以及附墙架上等区域活动。

第八章　建筑拆除

一、人工拆除

（1）进行人工拆除作业时，楼板上严禁人员聚集或堆放材料，作业人员应站在稳定的结构或脚手架上操作，被拆除的构件应有安全的放置场所。

（2）人工拆除施工应从上至下、逐层拆除分段进行，不得垂直交叉作业。作业面的孔洞应封闭。

（3）人工拆除建筑墙体时，严禁采用掏掘或推倒的方法。

（4）拆除建筑的栏杆、楼梯、楼板等构件，应与建筑结构整体拆除进度相配合，不得先行拆除。建筑的承重梁、柱，应在其所承载的全部构件拆除后，再进行拆除。

（5）拆除梁或悬挑构件时，应采取有效的下落控制措施，方可切断两端的支撑。

（6）拆除柱子时，应沿柱子底部剔凿出钢筋，使用手动倒链定向牵引，再采用气焊切割柱子三面钢筋，保留牵引方向正面的钢筋。

（7）拆除管道及容器时，必须在查清残留物的性质，并采取相应措施确保安全后，方可进行拆除施工。

二、机械拆除

1. 实际案例展示

2. 施工要点

（1）当采用机械拆除建筑时，应从上至下，逐层分段进行；应先拆除非承重结构，再拆除承重结构。拆除框架结构建筑，必须按楼板、次梁、主梁、柱子的顺序进行施工。对只进行部分拆除的建筑，必须先将保留部分加固，再进行分离拆除。

（2）施工中必须由专人负责监测被拆除建筑的结构状态，做好记录。当发现有不稳定状态的趋势时，必须停止作业，采取有效措施，消除隐患。

（3）拆除施工时，应按照施工组织设计选定的机械设备及吊装方案进行施工，严禁超载作业或任意扩大使用范围。供机械设备使用的场地必须保证足够的承载力。作业中机械不得同时回转、行走。

（4）进行高处拆除作业时，较大尺寸的构件或沉重的材料，必须采用起重机具及时吊下。拆卸下来的各种材料应及时清理，分类堆放在指定场所，严禁向下抛掷。

（5）采用双机抬吊作业时，每台起重机载荷不得超过允许载荷的80%，且应对第一吊进行试吊作业，施工中必须保持两台起重机同步作业。

（6）拆除吊装作业的起重机司机，必须严格执行操作规程。信号指挥人员必须按照现行国家标准《起重吊运指挥信号》（GB5082—1985）的规定作业。

（7）拆除钢屋架时，必须采用绳索将其拴牢，待起重机吊稳后，方可进行气焊切割作业。吊运过程中，应采用辅助措施使被吊物处于稳定状态。

（8）拆除桥梁时应先拆除桥面的附属设施及挂件、护栏等。

三、爆破拆除

1. 实际案例展示

2. 施工要点

（1）爆破拆除工程应根据周围环境作业条件、拆除对象、建筑类别、爆破规模，按照现行国家标准《爆破安全规程》（GB6722—2003）将工程分为A、B、C三级，并采取相应的安全技术措施。爆破拆除工程应做出安全评估并经当地有关部门审核批准后方可实施。

（2）从事爆破拆除工程的施工单位，必须持有工程所在地法定部门核发的《爆炸物品使用许可证》，承担相应等级的爆破拆除工程。爆破拆除设计人员应具有承担爆炸拆除作业范围和相应级别的爆破工程技术人员作业证。从事爆破拆除施工的作业人员应持证上岗。

（3）爆破器材必须向工程所在地法定部门申请《爆炸物品购买许可证》，到指定的供应点购买，爆破器材严禁赠送、转让、转卖、转借。

（4）运输爆破器材时，必须向工程所在地法定部门申请领取《爆炸物品运输许可证》，派专职押运员押送，按照规定路线运输。

（5）爆破器材临时保管地点，必须经当地法定部门批准。严禁同室保管与爆破器材无关的物品。

（6）爆破拆除的预拆除施工应确保建筑安全和稳定。预拆除施工可采用机械和人工方法拆除非承重的墙体或不影响结构稳定的构件。

（7）对烟囱，水塔类构筑物采用定向爆破拆除工程时，爆破拆除设计应控制建筑倒塌时的触地振动。必要时应在倒塌范围铺设缓冲材料或开挖防振沟。

（8）为保护临近建筑和设施的安全，爆破震动强度应符合现行国家标准《爆破安全规程》（GB6722—2003）的有关规定。建筑基础爆破拆除时，应限制一次同时使用的药量。

（9）爆破拆除施工时，应对爆破部位进行覆盖和遮挡，覆盖材料和遮挡设施应牢固可靠。

（10）爆破拆除应采用电力起爆网路和非电导爆管起爆网路。电力起爆网路的电阻和起爆电源功率，应满足设计要求；非电导爆管起爆应采用复式交叉封闭网路。爆破拆除不得采用导爆索网路或导火索起爆方法。

装药前，应对爆破器材进行性能检测。试验爆破和起爆网路模拟试验应在安全场所进行。

（11）爆破拆除工程的实施应在工程所在地有关部门领导下成立爆破指挥部，应按照施工组织设计确定的安全距离设置警戒。

四、静力破碎

1. 实际案例展示

2. 施工要点

（1）进行建筑基础或局部块体拆除时，宜采用静力破碎的方法。

（2）采用具有腐蚀性的静力破碎剂作业时，灌浆人员必须戴防护手套和防护眼镜。孔内注入破碎剂后，作业人员应保持安全距离，严禁在注孔区域行走。

（3）静力破碎剂严禁与其他材料混放。

（4）在相邻的两孔之间，严禁钻孔与注入破碎剂同步进行施工。

（5）静力破碎时，发生异常情况，必须停止作业。查清原因并采取相应措施确保安全后，方可继续施工。